JN094219

格安パソコンを自作するための
ジャンクパーツ探しの
奥義

USB/IEEE1394
ケーブル

ピンク　緑　青　茶　白
100円 300円 500円 800円1000円

地PC
ブル

・返品・交換ができません。
ンターにてご確認いただけます。
維持のためご遠慮ください。

LANケーブル

ジャンク
PCパーツ

はじめに

　PC/AT互換機の普及により、マザーボードやグラフィックスカードなどのパーツが標準化され、互換性が高くなったことより、現在の自作PCの文化が生まれました。ゲーム、プログラム開発、デザイン、科学研究など、多くの分野で利用されています。

　PC関連はハードウェアの進歩が速く、PCの自作と言えば、常に最新のハードウェアにアップデートし、最新が最良のようなに言われ、次々と新しいパーツに交換していくことが一般的です。

　しかし、近年ではハードウェアの進歩がやや緩やか（ムーアの法則の限界?）になり、かつ以前のMicrosoftの戦略でWindows10の動作要件が広く、古いパソコンでも充分に動作するため、中古パソコン市場が盛況になっています。

　まずまずの性能をもち、現役のWindowsが動作するパソコンが安価に入手できるようになったことと同様に、中古パーツの流通も活発になり、PC自作の1つのジャンルとして、ジャンクパーツを使ったPC自作も一般的になったのではないかと感じています（筆者の個人的意見かもしれませんが…）。

　ジャンクパーツを使ってPCを組み立てることで、比較的安価に高性能のPCを作ることができますが、「ジャンクパーツを使ってPCを組み立てる」ことは、初めての方にとってはハードルが高いと感じるかもしれません。

*

　本書では、ジャンクパーツを使ってPCを組み立てる方法について、パーツ同士の互換性や取り付け方についても、実際の組み立て作業を通して、分かりやすく解説しています。

　本書を通じて、自作初心者でも、気軽にジャンクパーツを使ったPCの組み立てができるようになることを願っています。

なんやら商会

格安パソコンを自作するための ジャンクパーツ探しの奥義

CONTENTS

■注意事項

※1　本書では、バルク品、型落ち品、中古品、訳あり品、オークションやフリマで安く入手した品など、本来の価値をもたないいわゆる「格安パーツ」のことを、ひとくくりに「ジャンクパーツ」と呼び、表記しています。

※2　本書に出てくるパーツなどの価格は、記事執筆当時に著者が独自に調べたものです。現在の価格と変わっていたり、製品そのものが入手できなくなっている場合もあります。

※3　本書を参考にジャンクパーツやOSを使って組み立てを行なった場合でも、著者と同じようにパソコンを動かすことができない場合があります。パーツの収集や組み立ては、あくまでも参考自己責任で行なってください（動作を保証するものではありません）。

第 1 章

ジャンクパーツで 「Intel PC」が自作できるかやってみた

> 本章では、いくつかの "条件付け" を
> した上で、ジャンクパーツをフル活用し
> たPCの組み立てに挑戦します。
>
> ＊
>
> ここでは、「Intel系CPU」を使った
> 自作PCの完成を目標にします。

1-1 「ジャンクパーツを集めたPC」を組み立てる構想

　「中古パソコン市場」が盛況で、まずまずの性能があり、現役のWindows が動くPCが安価に入手できます。

　また、「ハードオフ」などの中古PCパーツを取り扱う店舗も増えており、自作PCも、出費を抑えながら楽しめる環境が整いつつあります。

＊

　いくつかの条件付けと、ジャンクパーツをフル活用したPCの組み立てに挑戦しますが、まずは、「Intel CPU」を使ったPCを自作するために、ジャンクパーツを集めていきます。

1枚の「ジャンクのグラフィックボード」から…

　筆者が、グラフィックボード修理の実験台として使うため、100円で購入した1枚のジャンクの「グラフィックボード」があります。

図1-1-1　始まりはここから…
ジャンク青箱から購入したグラフィックボード「ATI Radeon HD 7450 1GB」

「壊れていて上等！」のつもりで購入したのですが、PCに組み込んでみると、しっかり動作します。

ということは、「安価なジャンクパーツばかりを集めても、PCを1台組めてしまうのではないか？」……と思い立ち、好奇心から、この企画に行き着きました。

＊

ジャンクパーツを利用することで、それなりのリスクもありますが、そこは自己責任というか、勉強代ということで…。

今回のルール

「ジャンクな自作PCの製作」と言っても、さまざまなケースが考えられます。ですから、ざっくりと自分の中でルールを設け、そのルールに沿った形で進めていきます。

＊

①使っていいパーツは、税込み999円以下、数百円程度で買えるもの

もし、手持ちのパーツがある場合は、流用可とする。ただし、販売相場が1,000円に達しないものであること。

②なるべく新しい世代の「Intel CPU」を使って組む

価格条件だけだと、まだまだ出回っている「Core2Duo」世代の構成になってしまい、面白身に欠けます。最低でも「Core i」世代で、どこまでいけるか試してみたいところです。

＊

また、「AMD CPU」のほうも興味がありますが、それは次の章で紹介しています。

パーツ構成

　自作PCを組んだことがある方であれば、知っているような内容だと思いますが、今回集めたパーツ構成はこんな感じです（**表1-1-1**）。

表1-1-1　今回集めるパーツ一覧

パーツ	備考
グラフィック ボード	100円で買ったやつを使う
CPU	なるべく性能のいい奴 Corei以降
メモリ	CPUにより決定
ケース	
マザーボード	ケースのサイズとCPUにより決定
ATX電源	
CPUクーラー	CPUにより決定
HDD/SSD	できればSSDが欲しい…
マウス	
キーボード	
O/S	マザーボードにWindowsデジタルライセンスが残っていたらラッキー
＜雑費＞　※必要に応じ購入	
SATAケーブル	おそらく手持ちで賄える
CR2032　ボタン電池	マザーボードの内蔵電池
CPUグリス	おそらく手持ちで賄える
掃除道具	アルコール除菌ウェットティッシュなど
各種ねじ	おそらく手持ちで賄える

　ここからは、筆者が集めた順番に解説していきます。

どのCPU世代が狙えるか？

まず決めておきたいのが、「CPU」です。「CPU」が決まれば、その他の
パーツ構成が、おおむね決まってきます。

そこで、"アタリ"をつけるために、CPU世代を整理してみました(**表
1-1-2**)。

表1-1-2 Intel CPU世代のリスト(筆者調べ)

世代	コードネーム	ソケット	メモリ規格	デスクトップ向け代表例	
初代 2008〜	Nehalem (Lynnfield)	LGA 1156	DDR3	Core i7 880	
第2世代 2011〜	Sandy Bridge	LGA 1155	DDR3	Core i7 2700K	
第3世代 2012〜	Ivy Bridge	LGA 1155	DDR3	Core i7 3770K	
第4世代 2013〜	Haswell	LGA 1150	DDR3	Core i7 4790K	
第5世代 2014〜	Broadwell	LGA 1150	DDR3/ DDR4	Core i7 5775C	あまり出回っていない
第6世代 2015〜	Skylake	LGA 1151	DDR4	Core i7 7820X	
第7世代 2016〜	Kaby Lake	LGA 1151	DDR4	Core i7 7700K	
第8世代 2017〜	Coffee Lake	LGA 1151	DDR4	Core i7 8700K	↓ Windows11対応

それと合わせて、CPUの中古相場を、「ヤフオク」や「じゃんぱら」の
Webサイトで確認してみました。

1,000円未満だと、IvyBridgeの「**Core i3**」か、Haswellの「**Pentium**」が、
価格や性能的にめぼしい感じです。

　欲を言えば、「Windows11」を走らせたかったのですが、やはり難しそう。

＊

　ということで、まずは「Haswell世代」をターゲットに、パーツ集めを開始します。

図1-1-2　じゃんぱらサイトより

1-2　ジャンクパーツを探す

「CPU」の入手

　該当のCPU（Pentium G3220）が手持ちであったので、CPUはあっさり確定。

　マイニング・マシンで使っていたものが余っていたので、それを流用します。

図1-2-1　Pentium G3220 BOX
マイニング用に中古で購入していたもの。

　実は、Passmark Softwareのサイトでベンチマークを調べると、Core i3-3240のほうが、性能が良いことが分かりました。

　まあ、今後交換できる伸びしろということで、自分を納得させて、このままいくことにします。

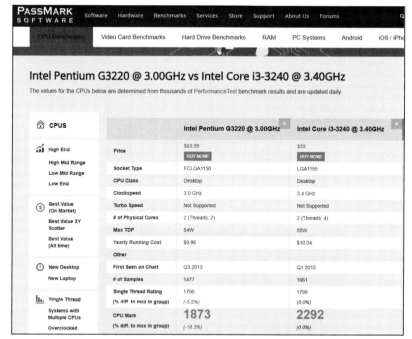

図1-2-2　「CPU Passmark」サイトより
CPUが決まったので、以降はそれに合わせて、パーツを集めていく。

「メモリ」の入手

　次はメモリ、Haswell世代であれば、規格は「DDR3」になるので、それ
で探していきます。

　いろいろ調べてみたところ、「DDR3」のデスクトップ用DIMMの中古
は、容量が2GBのものから安くなるようです。

　「じゃんぱら」で1枚300円。「ブックオフバザール」でも500円ぐらいで
売っていました。

　これも手持ちのパソコンを調べると、容量2GBのものが2枚ありました。

＊

Haswell世代の自作PCを組んだ当初、「4GBでも充分じゃない?」と買ったもので、その後足りないと感じて、4GB×2枚を買い足してあり、今の用途では抜いても問題なさそうなので、ここから拝借します。

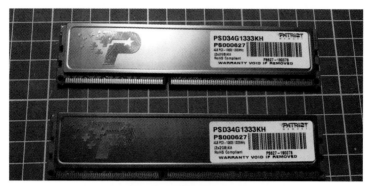

図1-2-3　DDR3 2GB×2枚
メモリは小容量のものは、比較的GB単価が安価に購入できる。

「PCケース」の入手

続いてPCケース。ジャンクなPCケースはヤフオクでも安いですが、送料が高くなります。

リアル店舗で購入できるのがベストと、ハードオフをはしごして見つけたものを購入しました。

たまたまそのときは、地下鉄で移動していたため、ジャンクケースをむき身で持って地下鉄に乗る羽目に (汗)。

＊

そんなこんなで、購入したのがこれ。メーカー PCの残骸、330円なり。なんか貯まっていたハードオフのポイント "エコぽ" も使って実質210円。

Windows XP世代の「Micro ATX規格」であろうケース。比較的きれいで、コンパクトで場所を取らなさそうなのと、値段で決定。

図1-2-4　ジャンクなPCケース
SOTECは昔あったパソコンメーカー

　「中古ケース」をジャンクで探す手段として、ハードオフはけっこうありかなと思います。

　価格は1,100円以上のものが多いですが、複数店舗をはしごすれば、選択肢は多く、掘り出し物が見つかりそうです。

　ただし、ものによってはそれなりの汚れがあったり、付属品がなかったり、といったことがあるので、そのあたりが気にならなければ、選択肢としてはありでしょう。

「マザーボード」の入手

　続いてはマザーボードを入手。マザーボードを選ぶときの条件として、見た目は重視して、バックパネル付きにこだわりました。

　今回は、これがいちばん難しく、いろいろ探しまわりました。
　Haswell世代のマザーボードは、「じゃんぱら」の中古でも4,000円ぐらいするし、「ヤフオク」でも動作品をうたっているものは1,000円未満の物はなさそう。「ハードオフ」も何店かはしごをしてみたが、見つからず。

　ここはラッキージャンクを狙い、ヤフオクにてメモリの認識に問題ありで出品されているものを、ヤフオクのクーポンを使って何とか販売価格1,000円未満で入手しました。

図1-2-5　届いたマザーボード「ECS B85H3-M4」
おそらくメーカー製PCをばらしたもの。

　実際のところ、送料込だと1,000円超えてしまったのですが、本体価格は800円にできたことと、もうすぐヤフオクで使えなくなるT-Pointを使い切って、まあ良しとしましょう。総支払金額は861円でした。

　Skylake世代のマザーボードならば、「ハードオフ」の青箱や、ヤフオクでも1,000円未満であったりしたので、もう少しハードルが低かったと思われます。

＊

　落札したものが届き、さっそく最小構成で動作検証。ばっちり動作し、メモリもしっかり2枚認識しました。

　ちょっと危ない橋だったけど、ナイスラッキージャンク！

「CPUクーラー」の入手

　続いて、CPUクーラーです。

　今回の企画と関係なく、なんか使うだろうと、「ハードオフ」の箱付きジャンクでCPUクーラーを買ってあったのですが、誤算だったことがマザーボードの検証時に発覚。

　箱と中身が違う。LGA775用じゃないかこれ。

図1-2-6　ハードオフで購入したが中身が違った…
入っていたのはLGA775用Intel Model:D60188-001
プッシュピンは流用できるけど…

＊

　ということでリカバリー。

　前回立ち寄ったジャンクショップに、CPUクーラーが100円で売っているのを知っていたので、週末に出かけてCPUクーラーを2つ購入。

　プッシュピンタイプのCPUクーラーは、プッシュピンがよく折れるため、予備があるとよい。中古だと、折れている確率高い…。

図1-2-7　LGA1150で使えそうなCPUクーラーをジャンクで2つ購入

「ATX電源」を入手

　続いて、ATX電源です。

　「ヤフオク」や「ハードオフ」のジャンクコーナーで、「400W」ぐらいのやつなら、1,000円未満で見掛けた気がします。

　そして、たまたま行った、「ブックオフバザール」で、よさげなものを発見。

箱付きで、動作未確認だけど、これで980円なら激安だと思い購入。

しかしながら、購入して帰宅後、開封したらまた中身が違う…。

出てきた中身はEnhanceの80Plusの600W。まあ中身は違ったが、動作OKだし、600Wだし、目的は果たしているので、まあ、よしとしよう。

＊

今回は運がよかったけど、箱付き中古は中身を確認したほうがいいね。

図1-2-8　箱で判断する限り掘り出し物だが…

図1-2-9　出てきた中身。中古の箱付きはちゃんと確認して購入しよう…

「ストレージ (HDD/SSD)」の入手

続いて、ストレージの入手です。

Windows10を入れるつもりなので、快適に使うには「SSD」がほしいところ。何とか1,000円未満でSSDにできないか、いろいろ検討してみましたが、難しそう。

＊

結論。手持ちの250GBハードディスクを使うことで妥協しました。

「ハードオフ」の相場的には500GBで1,000円ぐらいなので、まあ600円ぐらいかなと。

図1-2-10 Seagate の250GB ほぼ10年前の製品…

Windows10を運用するなら、「SSD」のほうがハッピーだけど、今回は企画のルールを優先しました。

「マウス」や「キーボード」の入手

最後に、マウスとキーボードです。

マウスは、ダイソーで新品110円のものがあったのでそれを採用。さすがダイソー。

図1-2-11　ダイソーの100円マウス。使い勝手はどうだろう…

キーボードは、ハードオフの青箱から購入で、550円。

これはジャンクの鉄板だけど、ジャンクショップによってはもっと安いところもあります。

図1-2-12　ジャンクなキーボード
メーカー製パソコンの付属品に見えないものを選定

ジャンクパーツが揃った！

なんやかんやで、1,000円未満でパーツを揃えることができました。

あわよくばと、1,000円未満のモニタも探してみましたが、15～19インチでかつ、4:3のイケてないやつばかりなので、見送りました。

図1-2-13　パーツが揃った!

1-3　　自作PCの組み立て

いくつかの「条件」と、「ジャンクパーツ」をフル活用した、「Intel CPU」のPCを1台組むために、ここまで1,000円未満のパーツを揃えてきました。

ではさっそく、これを組み立てて、動作テストをしていきましょう。

「ジャンクPCケース」の掃除

まずは、「PCケース」を掃除します。

当然、ジャンクケースなので、年季相応の「汚れ」が積もっています。

除菌シートを使って「汚れ」や「ホコリ」を取りつつ、古いMicrosoftのOSシールやIntel CPUシールをはがしたりして、キレイにしていきます。

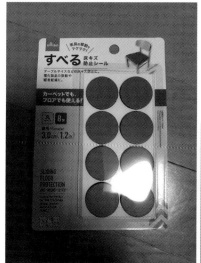 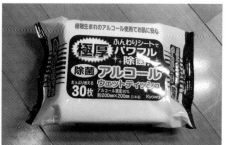

図1-3-1　役立つダイソーグッズ

このケースはまだいいほうですが、物によっては、タバコのヤニ臭さが残っていることもあり、場合によっては「水洗い」も必要です。

「ジャンクPCケース」を選ぶときは、匂いをかぐことも重要です。

こんなとき「100均グッズ」は役に立ちます。「ゴム足」もなくなっていたので、ダイソーで代わりのパッドを購入し、貼って対応します。

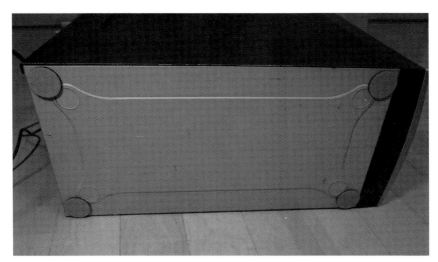

図1-3-2　「ゴム足」代わりに滑る「パッド」を貼付
フローリングに置いて使うには、使い勝手よし

「バックパネル」の取付け

まず、「PCケース」に、マザーボードの「バックパネル」を取り付けます。

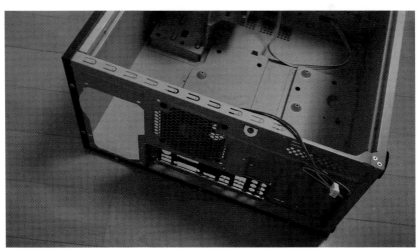

図1-3-3　「バックパネル」を取り付けたところ
取り付ける際には、「向き」に注意

「マザーボード周り」の組付け

「CPU」と「メモリ」は、「マザーボード」がきたとき取り付けたので、「CPUクーラー」を取り付けてから、ケースに組み込みます。

＊

「CPUグリス」は、手持ちのなんかのオマケについていたものを流用。

マスキングして、ヘラで伸ばしてから「CPUクーラー」を載せ、プッシュピンで固定。

今回使った「CPUクーラー」の「プッシュピン」は、折れていなかったので、ラッキー。

図1-3-4 「CPUグリス」を塗布 図6「CPUクーラー」をセット

「ATX電源」の取り付け

続いて、「ATX電源」をケースに取り付けます。

「ATX電源」を取り付けたら、「電源ケーブル類」をさばいておきます。
こんなとき、プラグインだと、ケーブルの整理がしやすくてよかったの
ですが、予算の関係上、仕方がありません。

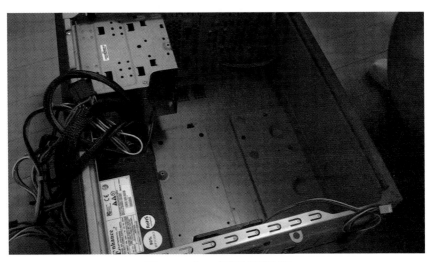

図1-3-5 「ATX電源」を取り付け
古いケースなので上部取り付け。「フロントベイ」のアクセスに難あり…。

「マザーボード」の取り付け

　次に、先に準備した「マザーボード」を取り付けます。

　「マザーボード」を「バックパネル」と「ケース」のネジ穴に合わせ、ネジ
で止めるだけ。

図1-3-6　「マザーボード」を固定

配線

「電源」と「マザーボード」を固定したら、配線していきます。

まずは、ケースの電源スイッチのコネクタを、マザーボードの該当ピンに挿します。

続いて、ケースファンのコネクタを、マザーボードのシステムファンのピンに挿します。

「ATX電源」の主電源ケーブルを挿して、補助電源ケーブルを挿します。

補助電源ケーブルは8ピンありますが、このマザーは半分の4ピンしか使いません。

図1-3-7　配線途中ケースの電源スイッチとマザーボードのATX電源ケーブルを挿したところ

「HDD」の取り付け

「ハードディスク」を取り付けましょう。

「ATX電源」からケーブルをさばき、「SATA電源ケーブル」を取り出して、「ハードディスク」に挿し、余った「ケーブル」はとりあえず、「5インチベイの中」に押し込んでおきます。

最後に、「SATAケーブル」を「マザーボード」と「ハードディスク」に挿します。

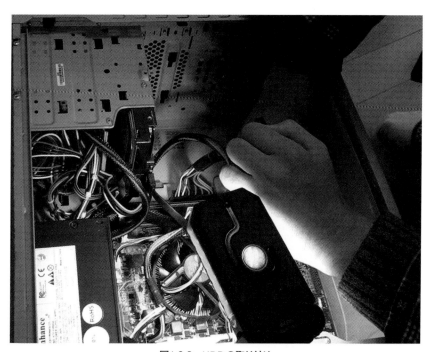

図1-3-8　HDDの取り付け

配線の養生

「ケーブル」が「CPUファン」と干渉しないように、適当にケーブルを整え、束ねて完成。

最新の「ケース」やら「マザー」ならば、裏配線できたりとか、NVMeのSSDを使ったりして、きれいな配線にできるのでしょうけど、なんやかんやで10年以上前の仕様です。致し方なし。

■起動テスト

組み立て終わったので、起動してみました。

＊

特に何事もなくBIOS起動できたので、OKとします。

図1-3-9　起動テスト。とりあえずBIOS画面出ればまずはOK

1-4 OSの導入とパフォーマンスの評価

OSのインストール

「Windows10」をインストールします。

ウィンドウズアップデートの手間を減らすため、あらかじめ最新の「インストールUSB」を作っておきます。

久しぶりにハードディスクにインストールしますが、「SSD」と比べると時間がかかるのは、たやすく想像できます。

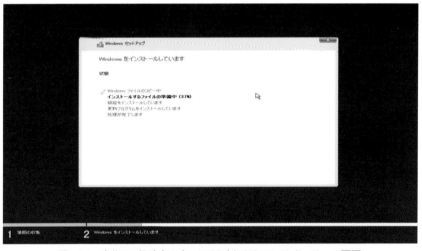

図1-4-1 自作PC趣味者の方々にはおなじみのWin10インストール画面

「Windowsのインストール」自体は40分弱で終りましたが、「インテルのグラフィックドライバのインストール」や、「セキュリティ関係のアップデート」が走るため、そこから1時間弱かかって、やっと終了。

図1-4-2　自作PC趣味者の方々にはおなじみのWindow Update画面

インストールした結果、残念なことが判明。

*

　このマザーボードは、「Windows10 Home」のライセンス認証ができませんでした。

　仕方がないので、手持ちの「パッケージ版Windows10」のライセンスを入力して進めます。

図1-4-3　ライセンス認証のエラー画面

どの程度使えるPCなのか？

　この後、「パフォーマンスチェック」や「負荷テスト」を行ない、組んだPCが使用に耐えうるかを確認します。

　「パフォーマンスチェック」は、スペック的にはあまり期待できないの

で、軽めの定番、あの「CineBench R15」と軽めのゲームベンチマークとして「ドラクエベンチ」を選択。負荷テストは定番のOCCTを選択。

■ 負荷テスト

まずは、負荷テスト。「OCCT」を1時間コースで回します。

途中経過は、こんな感じ。CPU温度など、問題なく順調。無事完走。とりあえず問題はないようですが…。

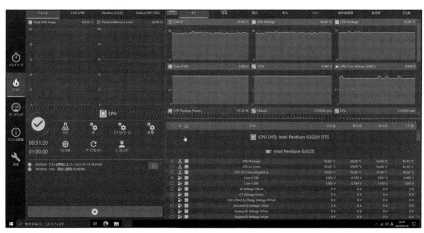

図1-4-4　OCCTの実行画面

■ パフォーマンステスト

「Cinebench R15」でCPUをテストします。

今回選択したPentium G3220は、「2コア2スレッド」しかないので、進みは遅いです。

結果は、まあ、とてつもなくひどいわけでもなく、こんなもんかな？ってところです。

図1-4-5　「Cinebench R15」のCPUテスト実行画面

8. 4C/8T @ 2.79 GHz, Intel Core i7-3840QM CPU	505
9. 2C/4T @ 3.60 GHz, Intel Core i3-4340 CPU	285
10. 2C/2T @ 3.00 GHz, Intel Pentium CPU G3220	219
11. 2C/4T @ 1.70 GHz, Intel Core i5-3317U CPU	214

図1-4-6　実行結果　軽作業ならOKレベルか

　このタイミングでグラフィックボードをセッティングして、グラフィック関係のベンチを回します。

＊

　まず手始めに、「Cinebench R15」の、OpenGLテストを回してみます。

　うーん、微妙な結果。
　先に回した、Pentium内蔵のHDグラフィックの結果より、セットアップしたグラフィックボードのほうが悪いような？

　まあ、100円だし、HDMI端子が増設できたと思って、そのまま進めます。

35

図1-4-7　「Cinebench R15」のOpenGLテスト実行画面

10. 2C/2T @ 3.00 GHz, Intel(R) HD Graphics		18.12
11. 2C/2T @ 3.00 GHz, AMD Radeon HD 7450		13.96

図1-4-8　実行結果　上がCPU内蔵グラフィックで下が100円グラフィックボード
まあ、設計年代が相当違うし…

　続いて、「ドラクエベンチ」をやってみます。

　設定は、「FullHD」、フルスクリーンの標準画質。

＊

　うーん、なんとまあ。こんな感じ。最近のゲームには厳しいんだろうね、
多分。

図1-4-9　ドラクエベンチの実行結果
まあ、古いグラフィックボードだとこんなもんかな。

■ OSの起動時間

OSの起動時間を計ってみました。

HDD運用のため仕方ありませんが、デスクトップが表示されるまでに約2分かかります。
立ち上がりさえすれは、それなりに動きますが、「Windows Update」が裏で動くなら、ちょっと心配なレベルかも。

毎日使うPCなら問題ありませんが、たまにしか使わないサブPCだと、使うたびに「Windows Update」で固まっていたら、非常に使い辛いです。

図1-4-10　完成した結果

費用まとめ

かかった費用を見てみましょう。

表1-4-1のとおり、ハードウェアの総費用合計は6000円弱。

しかしながら、Windows OS代、15,000円ぐらいが別途必要なところが惜しいところです。

「Ubuntu Desktop」や「Chrome OS Flex」など、フリーOSを使って運用するのであれば、必要ありません。

表1-4-1　費用まとめ

パーツ	スペック	今回入手価格	入手手段	備考
グラフィックボード	ATI Radeon HD 7450 1GB	￥100	ジャンクショップ（パウ！）	
CPU	Intel Pentium G3220	￥980	手持ち流用 ※じゃんぱら相場より	
Memory	DDR3 4GB (2GB×2)	￥600	手持ち流用 ※じゃんぱら相場より	￥300円/1枚
ケース	M-ATXケース ジャンク（メーカーPCばらし）	￥210	ハードオフ	エコぽで-￥120
Motherborad	ECS B85H3-M4 ジャンク	￥861	ヤフオク	落札価格 ￥1,000 送料+￥657 クーポンで-￥200、 Tポイントで-￥596"
ATX電源	Enhance 600W 80PLUS	￥980	ブックオフバザール	
CPU クーラー	INTEL リテールクーラー	￥100	ジャンクショップ（パウ！）	
HDD/SSD	250GB HDD 中古	￥600	手持ち流用 ※ヤフオク相場などより	
Mouse	USB有線　新品！	￥110	ダイソー	
キーボード	USB　ジャンク	￥550	ハードオフ青箱	
＜雑費＞				
SATAケーブル		￥110	ハードオフ青箱	
CR2032ボタン電池		￥110	ダイソー	2個入り
ケース足		￥110	ダイソー	
CPUグリス			手持ち流用	
掃除道具		￥110	ダイソー	アルコール除菌 ウェットティッシュ
各種ねじ			手持ち流用	
ハードウェア合計		￥5,531		

[OS] Windows10　Home　DSP版　￥15,000

　今後の伸びしろとしては、ぽっかり空いている5インチベイを何か活用したいと考えています。

　最新のPCケースは、各種ドライブを内蔵するニーズが減ったことを反映し、フロントにベイがなくなっている反面フロントのUSB端子とかが充実しています。

　逆にこのケースは設計が古く、フロントに、何もないので、USB端子とか、オーディオ端子、メモリカードリーダが一体になったパネルを入れるのがよいと思います。

組み上がったのは、Intel 第4世代CPUのPC

　本章では、1,000円未満のジャンクパーツを集めて、Intel第4世代Haswell世代が搭載された自作PCを組むことができました。

　これまではWindowsのバージョンアップに合わせて、最新構成で自作するのが定番でしたが、各種パーツの高性能化により、ちょっと古いPCパーツでもそこそこ使える環境が作れるということが分かりました。

　何かテーマを決めて、自作でいろいろ遊んでみるのも楽しいですし、SDGsにもなるかなと思います（笑）。

第2章

ジャンクパーツで
「AMD PC」が自作できるかやってみた

いくつかの"条件付け"をした上で、
ジャンクパーツをフル活用したPCの
組み立てに挑戦します。

*

本章では、「AMD系CPU」を使った
自作PCの完成を目標にします。

2-1 ジャンクパーツでAMD縛りのPCは作れるか

　前章では、「1,000円未満」、要するに、「小銭で買えるパーツ」だけを集めて、どんな自作PCができるかに挑戦し、「Intel Haswell世代」のCPUで完成させることができました。

＊

　本章では、CPUを「AMD縛り」でやったらどうなるか、に挑戦します。

　AMDは高コスパな「Ryzen」が人気ですが、価格はやや高めで、難しそうです…。

図2-1-1　前章で集めたジャンクパーツ。「Intel Haswell世代」の自作PCが組めた

今回のルール

前章同様、ざっくりと自分の中でルールを設け、そのルールに沿った形で進めました。

①**使っていいパーツは、「1000円未満(税込)」、「数百円で買えるもの」**

もし手持ちのパーツがある場合は、流用可とする。

ただし、販売相場が「1000円未満」であること。

②**なるべく「新しい世代のAMD CPU」を使って組むこと**

AMDはCPU価格が高い傾向がある。

どの辺がいけるかのチョイスがポイント。

どの世代のCPUが狙えるか？

前回もそうですが、自作PCを組むとき、最初に決めるべきは「CPU」です。

「CPUでその他のパーツ構成がおおむね決まる」と言っても過言ではありません。

*

ということで、AMDのCPUについて、改めて過去の経緯も含め調べてみました。

■「デスクトップCPU」で探す

まずは、あたりをつけるため、ネットを検索。

「できればRyzenで組みたいな」と、「Ryzenのいちばん古い世代」でかつ「最低レベル」の「Ryzen3 1200」を探してみました。

しかし、1万円弱が相場の模様。1000円未満の予算で探すのは、難しそう…。

図2-1-2　検索（2022年4月）の結果。まだまだ高い…

　…ということで、調べる範囲を「前世代」に拡大しました。

　しかしながら、「Ryzenの前世代」は、AMDの製品開発が迷走していた時期の「FXシリーズ」です。

＊

　表2-1-1に、筆者が調べた「AMDデスクトップCPU世代の一覧」を載せます。こう見ると、AMDはIntelにCorei以降、負けていた時期が長かった…。

　中古で流通している品数も少ない上に、価格も微妙だったのでいったん見送り、次の手段を考えます。

表2-1-1　AMDデスクトップCPU世代の一覧（筆者調べ）

CPU型番	発売時期	アーキテクチャ	CPU ソケット	メモリ
FX-8120	2011年11月	Bulldozer	FM3+	DDR3
FX-8150	2011年11月			
FX-4100	2011年12月			
FX-6100	2011年12月			
FX-8100	2011年12月			
FX-B4150	2011年12月			
FX-4170	2012年03月			
FX-6120	2012年03月			
FX-6200	2012年03月			
FX-8320	2012年10月	Piledriver		
FX-8350	2012年10月			
FX-4300	2012年10月			
FX-4320	2012年10月			
FX-6300	2012年11月			
FX-8300	2012年12月			
FX-4350	2013年04月			
FX-6350	2013年04月			
FX-9370	2013年06月			
FX-9590	2013年06月			
FX-8320E	2014年09月			
FX-8370	2014年09月			
FX-8370E	2014年09月			
間がぽっかり―――				
Ryzen 7 1700	2017年3月	Summit Ridge	AM4	DDR4
Ryzen 3 1200	2017年7月			

■ AMDには「APU」という選択肢も

　そこで違うルート、「グラフィックボード内蔵のAPUモデル」で検討してみました。

　この路線ならば、もう少し選択肢があるのではと。

表2-1-2　　AMD APU世代の一覧（筆者調べ）

APU 世代	日程	CPU アーキテクチャ	主なAPU型番	CPU ソケット	メモリ
Llano	2011年7月	K-10/Stars	A4-3300 , A8-3870K	FM1	DDR3
Trinity	2012年10月	Piledriver	A4-5300 , A10-5800K	FM2	DDR3
Richland	2013年6月	Piledriver	A4-7300 , A10-6800K	FM2	DDR3
Kaveri	2014年1月	Steamroller	A6-7400K , A10-7850K	FM2+	DDR3
Kaveri Refresh (Godavari)	2015年5月	Steamroller	A6-7470K , A10-7890K	FM2+	DDR3
Bristol Ridge	2016年9月	Excavator	A6-9500 , A12-9800	AM4	DDR4
Raven Ridge	2017年10月	Zen	Athlon300GE , Ryzen5 PRO2400G	AM4	DDR4
Picasso	2019年1月	Zen+	Athlon3000G , Ryzen5 PRO3400G	AM4	DDR4

　調べてみた結果、「Aシリーズ」と呼ばれるグラフィック機能内蔵モデルの下位モデル。1コア、2スレッドのA4、A6であれば、ヤフオク相場1,000円未満で入手できそう。

　性能的にはやや不満ですが、上位モデル。2コア、4スレッドのエーエイトA8、A10だと、1000円を少しオーバーするし…。

図2-1-3　Google検索（2022年4月頃）の結果。AMD A4シリーズならばいけそう

　ということで、まずは「A4」「A6」の線で探して、入手したのが、「A4 7300」。ヤフオクで動作品、送料込み510円也。

図2-1-4　ヤフオクで見つけたA4 7300 CPU単体

＊

　とりあえず「CPU」が決まったので、後はそれに合わせてパーツを集めます。

「マザーボード」の入手

　続いて「マザーボード」を入手します。

　前回同様、マザーボードを選ぶときの条件として、"見た目"は重視。バックパネル付きにこだわり探しました。

　今回入手できたマザーボードは、「ASUS」の「F2A55」。

　購入したお店は、名古屋地区ジャンクショップの雄、佐古前装備。600円也。

　今回もマザーボードを探すのに苦労するだろうと真っ先に探している中、訪れたところ、発見し、即購入。

図2-1-5　マザーボード ASUS F2A55。おそらく、メーカー PC をバラしたもの

「メモリ」の入手

次は「メモリ」です。

A シリーズで使うメモリの規格は、「DDR3」です。

前回同様、「低容量」なものを狙って、ハードオフを巡回していたときに、レジ前にジャンクで投げ売りされていた「2GB」を発見し、2枚購入。1枚300円也。

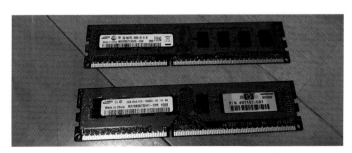

図2-1-6　ハードオフで購入した DDR3 2GB×2枚

「PCケース」「ATX電源」などの入手

　メモリを購入した際に、ハードオフでなかなか掘り出し物のケースを発見したので、合わせて購入。

　Mini-ITX規格のケースで300円也。

　傷もほとんどなく、ネジなど付属品もあります。

　このケースで組んでみたかったのですが、先のMicro ATX規格のマザーボードを入手済みだったため、残念ながら今回は見送り、次回以降のネタに温存。

　前回のPCケースを使い回すことにしました。

図2-1-7　ジャンクのわりにきれいな「Mini-ITX」のPCケース
しかしながら、マザーボードのサイズが合わず。

合わせて、ATX電源やキーボード、マウスも同様にします。

たがしかし、それですますだけでは面白くないので、ぽっかり空いていた「5インチベイ」を活用するための改造を加えていきます。

図2-1-8　PCケースとATX電源は前回流用。PCケース210円、ATX電源 600Wで980円

空いた「5インチベイ」を活用するパーツの入手

「5インチベイ」の活用方法ですが、「最低でもフロントにUSB端子を準備したい」というテーマで見つけたのが、これらです(**図2-1-9**)。

左が、「3.5インチベイ用の内蔵型カードリーダ」で、「USB2.0端子」も1つあります。
ハードオフを巡回していたときに発見して購入。300円也。
2004年発売の古い製品だけど、小物入れもついていて、見た目はなかなか良いです。

右は、「5インチベイ」に「3.5インチベイ」収めるためのケース。
大須のパウで売っていたのを知っていたので、合わせて購入。100円也。

図2-1-9　USBカードリーダと「5インチベイ→3.5インチ」変換ケース

「SSD」を1000円未満で入手…？

　最後のパーツは「SSD」。

　これは前回悔いが残っていて、1000円切る価格でそれなりに使えそうなSSDを入手できないかと思案していたところ、ヤフオクでジャンク詰め合わせセットを発見。

　まとめて買うのでソコソコするのですが、1台あたりで計算すれば1000円切りそう。

　今後も、他のことでいろいろ使えるかなと自分で理屈をつけつつ、さっそく落札しました。

*

　届いた物はこんな感じ。

　確認したが、どれもちゃんと動作しました。

　今回はこの中から、80GBのSSDを搭載します。

図2-1-10　ジャンクSSDをまとめて購入
右から80GB×4、64GB×3、40GB×1、16GB×2
まとめて6,480円也。まあ、いろいろ遊べそう…。

　合わせて、取り付けに2.5インチのマウンタが必要になりますが、これはじゃんぱらで発見した、100円のマウンタを使います。

図2-1-11　「2.5インチ」を「3.5HDD」に変換するマウンタ

「CPUクーラー」の入手

　なぜか、今回いちばん苦労したのがCPUクーラーです。

　この時点では、AMDのCPUクーラーの過去互換性の良さを生かし、さらに昔のPhenom世代の純正クーラーをヤフオクで落札。

　価格は500円だったのだが、送料が850円…。

　ハードオフなどハシゴすれば、もっと安い物を見つけることができたと思われるが、この時期忙しく、回る余裕がなかったため、いったん妥協。

図2-1-12　「AMD phenom Ⅱ X2 555」　CPUクーラーのみをジャンクで購入

パーツが揃った！

　ちょっと怪しいところもありますが、今回もなんやかんやで、1,000円未満でパーツを揃えることができました。

*

　パーツが揃ったら、次は「組み立て」と「各種動作テスト」や「さらなるグレードアップ」に挑戦です。

図2-1-13　今回も何とかパーツが揃った

2-2 | ジャンクパーツ」でPCを組み立て

　「AMD CPU」を使ったPCの自作に挑戦するために、ちょっと怪しいところもありましたが、なんやかんやで、「1000円未満」でパーツを揃えることができました。

*

　これを組み立てて、動作テストして、構成をグレードアップしてみます。

マザーボードの組付け

　まずは、「マザーボード」に「CPU」と「メモリ」を組み付けます。

*

　マザーボードに「メモリ・スロット」が4つあるので、前回の「2GB×2」枚も流用し、計4枚8GB搭載。

「Windows10」を運用するのに充分な容量でしょうか。

＊

そして、CPUに「グリス」を塗り、「CPUクーラー」を組み付けます。

図2-2-1　CPUグリスをう〇こ盛り
ケースにバックパネルを付けて、マザーボードを固定する。

図2-2-2　マザーを組み付け

電源スイッチ周りのピン配置が違う？

　配線を進める中で、「PCケースの電源スイッチ」「ハードディスクLEDのコネクタ」と、「マザーボードのピンアサイン」が違うことが分かり、配線の修正が必要になりました。

＊

　一般的な「自作用PCケース」は、「電源スイッチ周りやコネクタ」はバラバラで自由に配置できます。

　しかし、今回使ったPCケース（おそらく、元はメーカー製PC）は、「9ピン固定」の仕様です。

　前回のIntelマザーボードは、たまたまPCケースの仕様と同じだったので、挿し込むことができたようです。

＊

　改めて電源スイッチ周りのマザーボードの仕様をいろいろ調べてみると、

・Intel マザーボード："9ピン"
・AMD マザーボード："24-8ピン"

と、ピンアサインが違います。

　昔は、IntelのマザーボードもAMDと同じ「24-8ピン」が普通だったような気がします。

＊

　ということで、ピン配列を組み替えするため、変換ケーブルを購入し、ピンを組み換え配線を進めます。

＊

　「電源スイッチ」「ハードディスクLED」「電源LED」が、ちゃんと機能するようになりました。

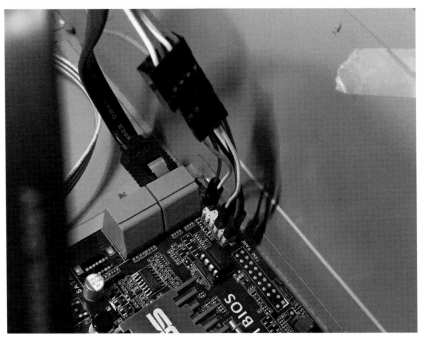

図2-2-3　PCケースの配線に変換ケーブルをかませ、マザーボードに配線

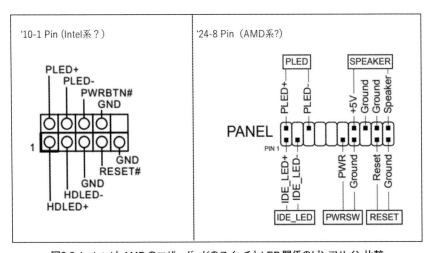

図2-2-4　IntelとAMDのマザーボードのスイッチとLED関係のピンアサイン比較

カードリーダ、SSD組付け

そして、「5インチベイ」に「カードリーダ」を取り付け、「マザーボード上のUSB2端子」に「コネクタ」を取り付けます。

図2-2-5　「カードリーダ」を「5インチベイ」に組み付ける

「SSD」はマウンタに搭載し、3.5インチベイに取り付けて、「SATA電源ケーブル」「SATAケーブル」を配線します。

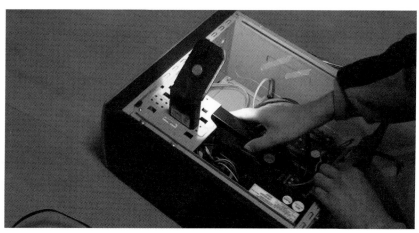

図2-2-6　SSDの取付。3.5インチベイ用のマウンタを使う

2-3 起動確認とOSのインストール

電源を投入し起動確認

組み立てが完了したら、電源を入れて起動を確認します。

＊

無事BIOS画面が表示され、「CPU」「メモリ」「SSD」がしっかり認識できました。

図2-3-1　BIOS Post画面。ジャンクPCはこの画面が表示できるかが勝負!

Windowsのインストール

次に、「Windows10」をインストールします。

＊

前回のジャンクPCでは、妥協して「HDD」にインストールしましたが、今回は、非常に時間はかかりましたが、「SSD」に変更できました。

その効果は絶大で、20分ちょっとでインストール完了できました。

　さらに、今回のマザーボードは、「OSのデジタルライセンス認証」を通過できました。素晴らしい。

図2-3-2　「Windows10」のライセンス認証画面

　「Windows7」以降のパーツなら、「Windows10」が利用できるようです。

どの程度使えるのか？

　さっそく、パフォーマンスチェックや負荷テストを行ない、組んだPCが使用に耐えうるかを確認します。

＊

　パフォーマンスチェックは、いつもの定番「CineBench R15」と、軽めのゲームベンチマークとして、「ドラクエベンチ」を選択します。
　負荷テストは、定番の「OCCT」を、1時間回します。

■ パフォーマンステスト

まずは、「CineBench R15」。1コア、2スレッドなので、正直微妙だと思いますが、どうでしょう。

結果は「132cb」。前回のジャンクPC（Pentium G3220、219cb）と比較すると、かなり劣ります。せめて、「200cb」は超えないと、微妙な気が…。

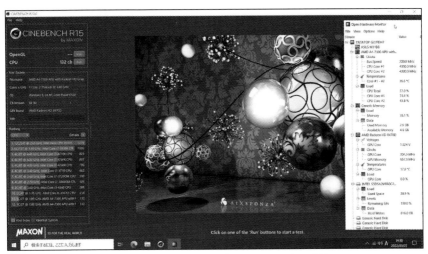

図2-3-3　「Cinebench R15」のCPUテスト実行画面

続いては、「ドラクエベンチ」。

設定は、FullHD、フルスクリーンの標準画質。

動作を見る感じ、もたつくことなく、それなりに動いています。

ベンチマーク結果は普通。

これは意外と良い…ような気がします。

＊

前回の「ジャンクPC」（RADEON HD7450、スコアは2070）のGPUと比べて、今回のA4の内蔵GPU（RADEON HD8470）のGPU世代が新しくなっているのが効いているのかなと。

図2-3-4　ドラクエベンチの実行結果

CPU性能のわりに、良い結果が…。

■ 負荷テスト

そして、「OCCT」を1時間回します。

これも問題なく終了。

しかしながら、終了時**CPUコアの温度が95℃近く**に…。

　この世代のAMDは割と爆熱系だった気がしますが、このCPUのTDPは65Wで、使っているCPUクーラーは "Phenom II X2 555" 純正で、TDPは80Wに対応しているはず。

　冷却能力は充分だと思うのですが、はて？

図2-3-5 OCCTの実行画面

■ その他

　フロントベイに搭載した「カードリーダ」は、正直、使うには微妙でした。

　動作確認したところ、昔使っていた小容量のSDカードは使えるが、最近のGBクラスのSDカードを認識しません。
　製品が古すぎて、新しい規格に対応していないようで…。

　まあ、300円で「USB端子」をフロントベイに増設できて、かつ「小物入れ」が付いたということにしておきましょう。

2-4　　　　　構成を見直す

　いったん完成したものの、やはり「CineBench R15」のCPUスコアが「200」に届かないようじゃダメな気がします。

　もう少し粘って、構成を見直そうと延長戦。

「CPU」の見直し

CPUを見直しまして、こいつを購入。

A10 5800Kのジャンク。ジャンク理由は、「ピン曲がり多数」とのこと。
　残念ながら、1000円未満とならなかったが、金額はA4でクリアしている。
　まあ余談ということで。

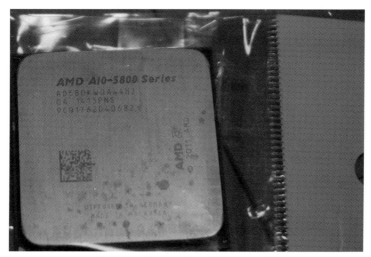

図2-4-1　「A10 5800K」　送料込1100円

■ ジャンク理由の「ピン曲がり」を修理

さっそく、届いたので状況を確認。

概要のとおり、CPUのピン曲がり多数によりソケットに挿さらず。

図2-4-2 CPUに付いているピンが曲がっているため
マザーボードのソケットに挿さらない…

拡大鏡で見ながらピンセットを使って、2時間格闘し、曲がっていた数十本のピンを修正。

最終的には何とかピンを折らずにソケットに収めることができました。

そして、起動してBIOSチェック。動作しました。良かった。

図2-4-3　ピン曲がり修正の様子
力をかけすぎるとピンが折れ使用不能になる恐れもある。注意が必要。

「CPUクーラー」の見直し

また、A10 5800Kは、CPU仕様的にも爆熱確定の「TDP100W」。
CPUクーラーをなんとかしたい。

＊

たまたま寄った。ブックオフバザールでよいものを発見。
サイズのカマクロス500円也。

　「AM2対応」までしか記載されていなかったが、AMDはCPUクーラーの互換性がよく、AM2のものでもクリップで止めるタイプは、AM3+ぐらいまでは使えるらしいので、ワンチャンかけてみた。

図2-4-4　SCYTHE カマクロス
1世代前のAM2対応だったが利用できた。

　さっそく取り付けてみたところ、取り付け自体はできましたが、ケース内部のスペース的に問題が発生。

　「CPUソケット」の位置が、「3.5インチベイ」に近く、今使っている「2.5"SSD」を収めていたマウンタが、クーラーと干渉します。

　幸い別件で購入していた、別のマウンタに交換するとともに、クリップの位置を調整したりして、何とか取り付け完了。

＊

　まあ、「CPUクーラー」はリアル店舗を根気よく探せば、1000円未満でちゃんと見つかりますね…。

図2-4-5　2.5インチマウンタを小型の物に変更

再評価

そして再びベンチマークテスト。

「CineBench R15」と「ドラクエベンチ」、「OCCT」を1時間回します。

■ 再びパフォーマンステスト

まずは「CineBench R15」。A10 5800Kは2コア、4スレッド。そこそこいってほしいと願いつつ、結果をドン。

「200cb」は超えてくれました。
しかしながら、「300cb」までは届かず。
これぐらいあればそこそこ使えるでしょう、たぶん。

図2-4-6 「A10 5800K」のCPUテスト実行画面

　続いては、「ドラクエベンチ」。

　CPUの世代的には、交換する前のA4のほうが新しく、グラフィック機能が落ちるかもという心配も若干ありつつ、結果をドン。

＊

　A4に比べて1300アップ、CPUの強化分が結果に出た感じかなと。

　苦労してピンを直した甲斐があったというもの。

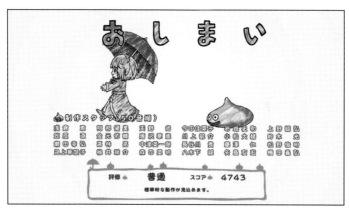

図2-4-7 ドラクエベンチの結果
設定は前回同条件「FullHD」、「フルスクリーン」の標準画質

■ 負荷テスト

「OCCT」、1時間も無事完走。

懸念していたCPU温度もCPUクーラーをカマクロスに交換した効果で、90℃以下に収まったようです。

PCケースのデザインが古く、サイドパネルが密閉されてかつ、高さがギリギリだったので、心配でした。

もう少しエアフローの良いPCケースであれば、もっと効果があるかもですね。

図2-4-8　「OCCT」の実行中画面。CPU温度が85℃程度に収まった

■ OS起動までの時間

最後に、OSの起動にかかる時間を測定。

＊

SSDにしたことによりOS起動するまで30秒かからず、前と比べ圧倒的に快適になりました。

まあ、「Windows10」の起動ドライブは、SSDじゃないと、かなり辛いと

いうのが、正直なところ。

図2-4-9　起動時間を測定

完成

■ 見た目は変わりませんが、完成

完成した姿が、**図2-4-10**です。

前回と見た目はあまり変わりませんが、空いていた「5インチベイ」に「USB端子」と「小物入れ」が付き、実用性がやや向上。

「5インチベイ→3.5インチ変換アダプタ」の色が白いのがやや気になりますが、まあ気が向いたら黒く塗ろうか…。

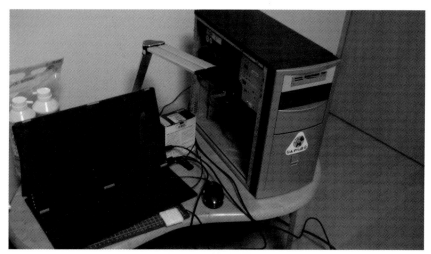

図2-4-10　完成（PCケースの蓋は閉めてないですが…）

■ 費用まとめ

最後に「まとめ」と、「かかった費用」を見てみます。

最初のCPUの**A4 7300**での構成は**表2-4-1**、最終CPUの**A10 5800K**の構成は**表2-4-2**のような感じです。

表2-4-1 費用まとめ CPUが「A4 7300」

パーツ	スペック	入手手段	単価	数量	金額	送料
CPU	AMD A4 7300	ヤフオク	¥510	1	¥510	込
Memory	DDR3 2GB×4	ハドフ＋手持ち	¥300	4	¥1,200	¥0
Motherborad	ASUS F2A55	佐古前装備	¥600	1	¥600	¥0
5インチベイ	小物入れ付きカードリーダー FA405T(SV)/BOXシルバー	ハドフ青箱	¥330	1	¥330	¥0
	5.25→3.5インチベイ変換	パウ	¥100	1	¥100	¥0
HDD/SSD	INTEL SSDSA2M080G2GC X25-M 80GB SATA 3.0	ヤフオク	¥988	1	¥988	込
2.5→3.5 マウンタ	裸族のインナー	じゃんぱら	¥100	1	¥100	¥0
CPUクーラー	AMD PhenomⅡ blackEdtion のクーラーのみジャンク	ヤフオク	¥500	1	¥500	¥850
ケース	M-ATXケース ジャンク （メーカーPCばらし）	ハドフ	¥210	1	¥210	¥0
ATX電源	Enhance 600W 80PLUS	ブックオフバザール	¥980	1	¥980	¥0
Mouse	USB有線 新品！	ダイソー	¥100	1	¥100	¥0
キーボード	USB ジャンク	ハドフ青箱	¥500	1	¥500	¥0
＜雑費＞						
SATAケーブル		ハドフ青箱	¥110	1	¥110	
CR2032ボタン電池		手持ち流用				
ケース足		ダイソー	¥110	1	¥110	
CPUグリス		手持ち流用				
ケーブル	ピン配置変換ケーブル	ヨドバシカメラ	¥410	1	¥410	¥0
各種ねじ		手持ち流用				
	ハードウェア合計				¥7,598	

O/S Windows10 Home →デジタル認証通過！

表2-4-2　費用まとめ　CPUが「A10 5800K」

パーツ	スペック	入手手段	単価	数量	金額	送料
CPU	AMD A10-5800K	ヤフオク	¥1,100	1	¥1,100	込
Memory	DDR3 2GB×4	ハドフ＋手持ち	¥300	4	¥1,200	¥0
Motherborad	ASUS F2A55	佐古前装備	¥600	1	¥600	¥0
5インチベイ	小物入れ付きカードリーダー FA405T(SV)/BOXシルバー	ハドフ青箱	¥330	1	¥330	¥0
	5.25→3.5インチベイ変換	パウ	¥100	1	¥100	¥0
HDD/SSD	INTEL SSDSA2M080G2GC X25-M 80GB SATA 3.0	ヤフオク	¥988	1	¥988	込
2.5→3.5 マウンタ	2x2.5インチHDD・SSD取り付け可能 SATAケーブル付属	Amazon	¥940	1	¥940	込
CPUクーラー	SCYTHE KAMA CROSS	ブックオフバザール	¥500	1	¥500	¥0
ケース	M-ATXケース　ジャンク (メーカーPCばらし)	ハドフ	¥210	1	¥210	¥0
ATX電源	Enhance 600W 80PLUS	ブックオフバザール	¥980	1	¥980	¥0
Mouse	USB有線　新品！	ダイソー	¥100	1	¥100	¥0
キーボード	USB　ジャンク	ハドフ青箱	¥500	1	¥500	¥0
＜雑費＞						
CR2032ボタン電池		手持ち流用				
ケース足		ダイソー	¥110	1	¥110	¥0
CPUグリス		手持ち流用				
ケーブル	ピン配置変換ケーブル	ヨドバシカメラ	¥410	1	¥410	¥0
各種ねじ		手持ち流用				
	ハードウェア合計				¥8,068	

O/S Windows10　Home →デジタル認証通過！

総評

　「ケース」「電源」「マウスキーボード」などは、前回流用したので変化なく、CPUをはじめとしたパーツの入れ替えや、追加をして、CPUを「A4」で組んだ合計金額は、約7500円。

　「A10」で組んだ場合は約8000円でした。

*

　OSはライセンス認証通過できたので、これ以上の費用はかからず、リーズナブルな感じです。

　しかし、前回と違い、CPUを「A10」で組んだとした場合、この世代ではほぼ最高性能のものとなるので、この構成の伸びしろは、あまり無さそう…。

　今回も、1000円未満（A10は筆者趣味で、おまけということで…）の
ジャンクパーツを集めて、「AMD Aシリーズ」の自作パソコンを組むこと
ができました。

＊

　次の章では、今回入手した、「Mini-ITXケース」を使う条件で、最新の
Windows11がちゃんと動作するPCを、ジャンクパーツ集めて組んでみ
ようと思います。

第3章

「Mini-ITXジャンクケース」と「ジャンクパーツ」で「Win11ゲーミングPC」を組んでみた

本章では、いくつかの "条件付け" をした上で、ジャンクパーツをフル活用して、PCの組み立てに挑戦します。

*

ここでは、小粋な「Mini-ITXケース」とジャンクパーツを使って、Windows 11に完全対応した、自作PCの完成を目標にします。

3-1 Windows11完全対応ゲーミングPCの構想

さらに難易度を上げた自作に挑戦

　前章までは、1,000円未満、要するに小銭で買えるパーツだけを集めて、「Intel CPU」と「AMD CPU」で、どの程度の自作パソコンが組めるかに挑戦しました。

　その結果、Windows10で動作し、そこそこ使えそうなパソコンを組むことができました。

*

　ここでは、前章の記事のために購入したが使わなかった、300円の「Mini-ITX」のPCケース、これを活用して小さいPCを作りたいと思います。

　また、これまではWindows10が動作するまでをゴールにしていましたが、Windows 10のサポートは、2025年10月14日に終了することが明らかになっています。

　ということで、もう1つテーマとして、Windows11への完全対応もテーマに加え、ジャンクパーツを探して、PCを組み立てていきます。

図3-1-1　ジャンクのわりにきれいな "Mini-ITX" PCケース
ジャンクパーツを使ってWindows11完全対応を目指す。

今回のルール

今回の目標は、次のとおり。

*

①「Mini-ITX」のケースの使用

Mini-ITX対応マザーボードは種類が少ないので、いかにジャンクで安く探せるかがポイント。

②Windows11の正式なシステム要件への対応

要するに、「Windows11のシステム要件をクリアした世代のCPU」を使い、かつ、「TPM」、「セキュアブート」などのセキュリティ要件もクリアできる構成にする。

*

格安ジャンクネタを連投していたら、1,000円未満のパーツしか目に入らなくなってしまったが、今回はどうなるのでしょうか。

どのあたりが狙えるか？

ルールを決めたので、まずはどんな機材が必要になるか、ざっくりまとめてみました。

■ Mini-ITXケースの仕様を確認

まずは、第1条件であるこのMini-ITXケースについて、スペックを確認します。このケースをネットでググってみると、この製品のような仕様です。

《Mini-ITXケースカタログ情報》

製品名：JONSBO U2
規格：Mini-ITX ●カラー：ブラック、シルバー、レッド●付属電源：なし●ベイ：3.5インチシャドー×1、3.5/2.5インチシャドー×1、2.5インチシャドー×1●標準搭載ファン：12cm角×1(背面)●追加搭載可能ファン：12cm角×1(前面、3.5インチシャドー×1と排他)●本体サイズ：(W×D×H)：208×233×319mm●重量：約2kg

電源は、「ATX電源」が使えるので、安くすませられそう。

「2.5インチSSD」も2台搭載でき、かつ、ねじ類も揃っています。

一応、「拡張スロット」も2つあり、小さいものなら「グラフィックボード」も搭載可能。

フロントに「USB3.0コネクタ」と、「イヤホンマイク端子」があり、実用的でいい感じ。活かしていきたいところ…。

図3-1-2 Mini-ITXケースの内容

■ 必要パーツと予算目標

調べた結果を踏まえて、ざっくり予算目標を組んでみました。

表3-1-1　予算目標、さすがに1,000円未満は…

メーカー	INTEL	AMD
対応世代	第8世代以降のCoreプロセッサ （とごく一部の第7世代） 製品例 Core i○ 8xxx～※	Zen2プロセッサ以降 製品例　Ryzen ○ 2xxx～※
発売	2017年後半～	2019年7月～
※ローエンドCPUなどは命名規則が異なります…		

使えるストックパーツも踏まえ、こんな感じ。

　CPUは新しめの世代が必要なので、ある程度の出費は必要。マザーボードも「Mini-ITX」ということで、多めにとります。

　メモリもおそらく「DDR4」がマストになるので、それなりに予定しておきます。

■ どのあたりのCPUでいくか？

　いつもと同様に、まずはCPUを決めます。
　Windows11の“システム要件に対応する”が、今回ルールであるため、重要なのは対応CPUであること。

　対応CPUをざっくりまとめると、**表3-1-2**のような感じです。Intelであれば、いちばん古いCPUは「Coffee Lake」世代。AMDだと「Ryzenの Zen2」世代以降になります。

　5,000円前後の予算設定だと、Ryzenは難しく、ここは「Intel Coffee Lake世代」以上の「Celeron」、「Pentium」クラスのCPUを狙っていきます。

＊

　CPU以外の、Windows11対応の必要要件としては、「TPM2.0」以上、「セキュアブート」の2点が必要で、これらはマザーボードの対応が必要ですが、この世代のマザーボードであれば、ほぼ機能が付加されていると考えていいでしょう。

表3-1-2　Windows11対応のCPUスペック概要

メーカー	INTEL	AMD
対応世代	第8世代以降のCoreプロセッサ （とごく一部の第7世代） 製品例 Core i○ 8xxx〜※	Zen2プロセッサ以降 製品例　Ryzen ○ 2xxx〜※
発売	2017年後半〜	2019年7月〜
※ローエンドCPUなどは命名規則が異なります…		

3-2　ジャンクパーツを集める

「CPU」と「マザーボード」を入手

　今回裏テーマとして、なるべくネット通販に頼らず、リアル店舗で集めようと、久しぶりに秋葉原へ遠征。

　神田のボンディでカレーを食べたり、神田明神に寄って、IT守護のお守りを買いつつ、遠征の成果は次のとおりです。

＊

　まずは、「マザーボード」。

　ASRockの「H310M-ITXAC」。インテル第8・第9世代対応のMini-ITX。ハードオフ2号店で購入。5500円なり。

　ジャンク品の棚に置いてあって、ジャンク理由は、「ピン折れ」。

図3-2-1　ハードオフで購入したマザーボード
ソケット右下部分のピンに曲がり多数有

　中身を確認しましたが、CPUソケットのピンが10本ぐらい、あさっての方向に曲がっています。ちょっとリスクもあるかなと思いましたが、とりあえず購入。

＊

　そして、CPUは「Pentium Gold G5400T」。じゃんぱら2号店で購入。

5,480円で、バルク品の中古。値段だけで言えば「Celeron」ではあるが、今回は見当たらなかったことと、Intel第9世代で2コア4スレッドと、一昔前のi3に匹敵する性能が期待できます。

これはこれで、"アリ"なチョイスと判断。

CPUクーラーは、手持ちで使えそうなものがあるので、購入は不要と判断。

図3-2-2 じゃんぱら中古で購入したCPU
※写真撮り損ねたため、マザーボード搭載後の写真

平日だったため、ジャンクパーツの聖地、神田装備は閉まっていたため訪問できず…。残念。
いろいろなお店回ることができましたが、他の必要なすべてのパーツを集める気力が続かず…。

「ATX電源」と「メモリ」を入手

後日、大須で残りのパーツを購入。
訪問したのは、大須ジャンクショップの雄、佐古前装備。購入したのは次の2つ。

＊

　まずは、ジャンクなATX電源。デルタの550W/80Plus Bronze。550円なり。

図3-2-3　購入したATX電源(ジャンク)

＊

　次はメモリですが、CFDの「DDR4 4GB」2枚セット。型は古いがゲーミングメモリ。2400円なり。

図3-2-4　購入したメモリ(中古)

とりあえず、これでOSをインストールできるだけのパーツが揃いました。

組み立ての準備を始めます。

マザーボードの"ピン曲がり"を修理

まずは、マザーボードの"ピン曲がり"を修理します。

曲がっていた部分は、主に3か所10本ぐらい。あさっての方向を向いていました。

修正に使ったのは、ダイソーのデザインカッター。刃先を使って、曲がったピンをちまちまと押して、元の位置に修正していきます。

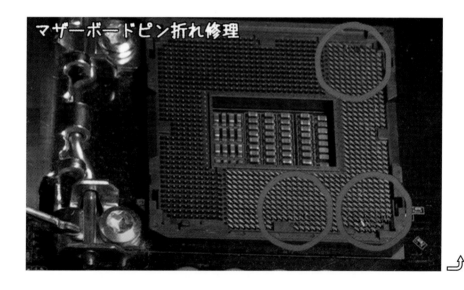

マザーボードピン折れ修理

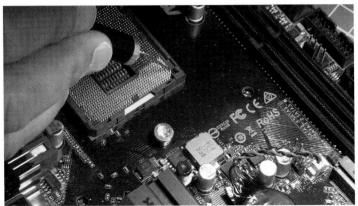

図3-2-5　ピン曲がりを修理

　ピンは思ったより柔らかく、これで充分。

　途中ピンセットを使ったところ、力を入れすぎるとピンの先がつぶれ
てしまい、良くないことが分かりました。

　おおむね修正完了。

　ピンセットを使った場所が微妙な感じに見えますが、位置関係は問題
なさそうなので、これでいったんトライします。

図3-2-6　ピン曲がり修理完了後

CPUクーラーを修理

併せて、CPUクーラーも修理します。

*

今回使うのは、以前、大須のパウにて100円で買った、ジャンクなCPU
クーラー。マザーボードに固定するツメが折れて、ダメになっている部分
があります。

プッシュピンのCPUクーラーは、プッシュピンの互換性があり、使い
回しができそうなので、プッシュピンをいったん全部外し、別に買った
ジャンクなSocket478用のインテル純正クーラーから移植しました。

図3-2-7　CPUクーラーの「プッシュピン」をバラし、使えるものを集めて使う。

動作検証

　修理関係は、一通り完了。「マザーボード」「メモリ」「CPU」の最小構成で組み立て、動作確認します。果たして、修理は成功しているのでしょうか。

＊

　修理成功！

　しっかりバイオスポストしました。ATX電源、CPUクーラーも特に異音なく、問題なさげです。

図3-2-8　動作検証!　マザー、CPUだけで動作を確認

　ここで、いったん機器構成をおさらいします。

＊

　「Mini-ITXケース」は決まっていて、「マザーボード」はジャンクでしたが修理できたし、「無線LAN」を内蔵していていい感じ。

　「CPU」も2コア4スレッドで、Haswell世代ならi3相当。
　「メモリ」も8GBと必要充分に搭載できました。

「SSD」をチョイス

最初の予定では、「SSD」は手持ちの「SATA 80GB」を使い回すつもりでした。

しかしながら、今回購入したマザーボードに「M.2スロット」が搭載されており、「M.2 NVMe」のSSDが搭載でき、今どきの構成でかつ性能向上が期待できるということで、ちょっとジャンクパーツから脱線して、「M.2 NVMe」のSSDを追加購入することにしました。

選んだものは256GB前後の容量で、Amazon最安のもの。安定の中華パーツです。

図3-2-9　購入したSSD

パーツが揃った！

今回は、リアル店舗をまわり、Mini-ITX、Windows11対応のジャンクPCパーツを揃えることができました。

*

続いて、組み立て、各種動作テスト、そしてさらなるグレードアップをしていきます。

図3-2-10 集めたパーツたち

3-3 「ジャンクパーツ」でPCを組み立て

　ここまでで、今どきの「Mini-ITX」、Windows11対応のジャンクPC
パーツを揃えることができました。

　これを組み立て、動作テスト、構成のグレードアップをするところを紹
介します。

＊

　まずは、マザーボードに「CPU」「メモリ」「CPUクーラー」を組み付けて、
ケースに収めます。

　「ミニITX」のマザーボードは、ケースに固定するねじ止めが、4か所だ
けなので楽です。

　ケースに付いている、電源スイッチやインターフェイス・ケーブルを、
マザーボードに挿します。

　そして、ATX電源をケースに固定し、電源ケーブルを挿します。

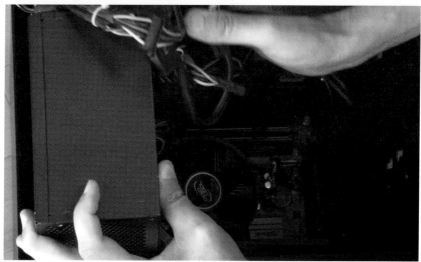

図3-3-1　上図　マザーボードに電源スイッチなど配線
下図　ATX電源を搭載

　余ったケーブルを捌く必要があるので、理想を言えば「プラグイン電源」であれば、余分な「SATA電源ケーブル」や「ペリフェラル電源ケーブル」がなくなり、ケースの中がすっきりするんですが、ジャンクなので贅

沢は言えません。まあ隠れるからヨシとします。

最後に、「M.2 SSD」を挿して完成。

作業中、じゃまネコちゃんが、ネジで遊ぼうとするのを阻止しながらの作業。

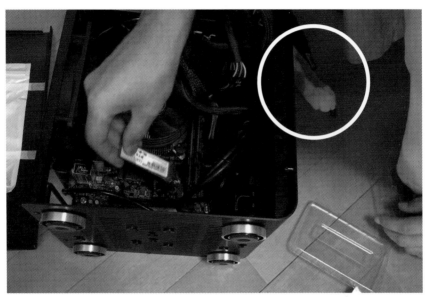

図3-3-2　M.2 SSDを搭載
微妙にじゃまネコちゃんが映り込み…。

「OS」のインストール

■ Windows10のインストール

本組みが終わり、「OS」をインストールします。

*

まず、Windows10をインストールして、ライセンス認証が取れるかを確認し、OKであれば、そこからWindows11へアップグレードします。

Windows10のインストールが終わり、ライセンス認証を確認しました。OK！問題なく、無事通過しました。

図3-3-3　Windows10インストール後
ライセンス認証を確認

デバイスマネージャーをチェックしたところ、チップセット関係のドライバが当たっていませんでした。

念のため、メーカーサポートページからドライバをダウンロードして、インストール後、Windows Updateをして、Windows10のOSインストールは完了。

■ Windows11へアップデート

Windows11へアップデートを始めます。

まず、Windows10にインストールされる、PC正常性確認ツールでアップデート可能か確認します。

すると、「TPM2.0」がないという警告が出ました。

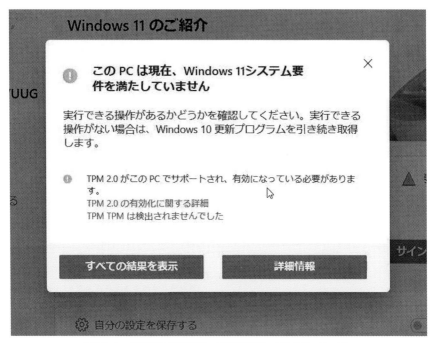

図3-3-4　PC正常性確認ツール確認結果。TPMのエラーが…

これは、BIOS設定で「TPM」を「有効化」する必要があります。

確認すると、マザーボードのBIOSが最新ではなかったので、念のためメーカーサポートページから最新BIOSをダウンロードして、BIOS Updateを行ないました。

BIOS Updateが終わり、BIOS設定を変更します。

図3-3-5　BIOS Update中の画面
ふたたび、PC正常性確認ツールで状態を確認。OK、準備完了。

図3-3-6　PC正常性確認ツール確認結果
Windows11へのUpdate準備完了!

　通常は、Windowsアップデートで、「Windows11のアップデート準備が
できました」の表示が出てくるのを待ちますが、すぐに始めたい場合、マ
イクロソフトのページからインストールアシスタントをダウンロードし
て実行すると、アップデートが開始できるので、それを使います。

　1時間ぐらい放置しておけば、「ダウンロード」と「インストール」が、完
了しています。

＊

幾度かの再起動を経て、インストールは完了します。

そして、いつものように、不要なソフトはアンインストールします。

図3-3-7　不要なソフトをアンインストール

　以前は、大手メーカー製のパソコンには、自分にとって使わないソフト
がたくさんプリインストールされているのがうっとうしく、自作パソコ
ンにはそれがないのがよかったのですが、昨今はマイクロソフトがそれ
をやってくるのが、なんだかなと思う今日この頃…。

3-4　動作確認とパフォーマンスチェック

どの程度使えるのか？

Windows11のインストールが完了したら、「ベンチマーク」や「負荷テスト」を一通りやって、動作確認します。

＊

チェックするのは、次の4つ。

①定番の「CINEBENCH R15」で「CPU能力」を確認

ジャンクパソコンチェックの定番、「OCCT」で負荷かけて問題でないか確認し、せっかく高速な「M.2 SSD」を導入したので、「CrystalDiskMark」で読み書き速度を確認。仕上げに「ドラクエベンチ」でゲーム性能を軽く見てみます。

まずは、「CINEBENCH R15」。CPU自体が、低消費電力モデルなのと、CPUクーラー自体も熱容量が割とあるやつだと思うので問題ないと思うけど、念のため動作させながらCPU温度も合わせて確認する。

おおむね「44℃」前後で推移しており大丈夫でしょう。

結果は、CPUは、以前使っていた、「Haswell　i3 4340」よりも余裕勝ちの300オーバー。CPU世代が上がったことで、安価なCPUでも性能がよくなっています。

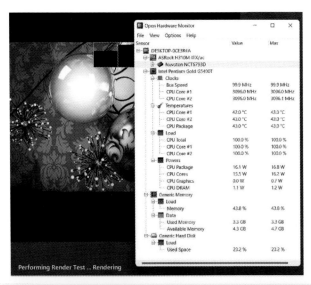

図3-4-1　上図CINEBENCHの動作中
　　　　下図　CINEBENCHの動作結果

②「OCCT」を1時間実行して発熱・冷却性能を確認

続いて、「OCCT」を1時間実行します。

*

ポイントは、「完走できるか」と、各種温度を確認して「冷却性能が大丈夫か」です。「Mini-ITXケース」なので、冷却性能がちょっと心配。

*

そして結果、温度も極端に上がるものなく、無事完走。よかった。

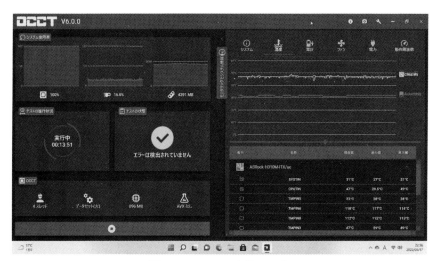

図3-4-2　OCCTの負荷テスト中

*

SSDの読み書き速度のベンチマークはこんな感じです。カタログスペックよりも若干落ちています。

おそらく、このマザーボードの「M.2スロット」が、「PCI-E Gen2」までしか対応していない（SSD自体はGen3対応）ためでしょう。

それでも、まあ、充分速いです。

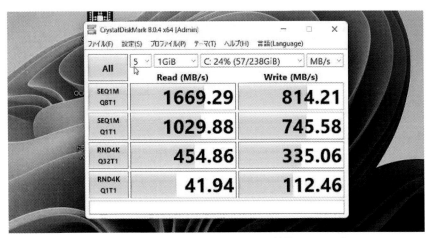

図3-4-3　CrystalDiskMarkの結果

③「ドラクエベンチ」でグラフィックの描画を確認

最後に、「ドラクエベンチ」。

　設定は最高画質の「Full HD」で回してみました。パッと見、スムーズに動作しているように見えます。まあ、標準画質ならばOKでしょう。

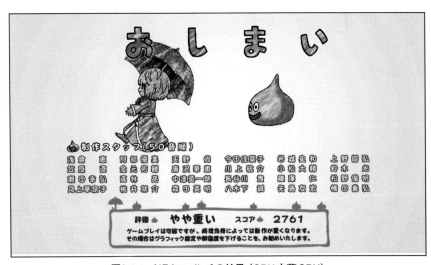

図3-4-4　ドラクエベンチの結果（CPU内蔵GPU）

3-5 ゲーミングレベルへグレードアップ

手持ちパーツでパワーアップに挑戦

「ジャンクパーツ」を使っての自作PCネタは、ここまでで終了しますが、せっかくいい感じに組めたPCです。もう少しグレードアップして、ゲーミングPCレベルを目指して、手持ちのグラフィックボードを載せて、パワーアップをしてみましょう。

*

まず、手持ちで余っているグラフィックボードの筆頭、「Palit GTX1060」を載せたかったのですが、微妙にサイズが合わず、「Mini-ITXケース」に収まらずに断念。

だがしかし、もっとおあつらえ向きのものが。

図3-5-1　ZOTAC RTX3050

　たまたま手持ちで余っていた、ZOTACの「RTX3050」。こいつがいるじゃないか。ザイズも小さく、ギリギリだけど収まりそう。

グラフィックボードの取付

　さっそく、取り付け。

　すんなり収まるサイズではなかったが、知恵の輪を解くがごとく、収まる角度をさぐりさぐり、収めることができました。

図3-5-2　RTX3050を収めることができた

　PCI-Expressの8ピン電源を挿し、ディスプレイや電源をつなぎ、ケースのふたを開けたまま試運転。特に問題なさそう。

　グラフィックボードのエアフローが気になりますが、ケースの底面に換気口あいているので、とりあえず何とかなりそうです。

　グラフィックボードのドライバが当たっていないので、NvidiaのWebサイトからダウンロードしておいた最新ドライバを、サクッとインストールします。

図3-5-3　グラフィックボードのドライバをインストール

グレードアップの効果確認

さっそく、ベンチマークをとってみましょう。

＊

まずはさっきのリベンジ、「ドラクエベンチ」。条件は同じくフルHDの最高画質。さすが「RTX3050」。スコアの伸びが違う。

そして結果は、すごく快適！

図3-5-4　ドラクエベンチの結果（RTX3050）

　「RTX3050」クラスのグラフィックボードで、「ドラクエベンチ」であれば、これぐらいは当然の結果でしょう。

＊

　ゲームのベンチマークでいちばん重いと言われている、「ファイナルファンタジー15」ベンチではどうでしょうか。

　設定は「Full HD」、「標準画質」で試してみます。

　動作中、タスクマネージャーの動きを見ると、CPUは100％に張り付き、GPUには若干余裕ありみたいな感じ。

　性能バランス的には、CPUが負け気味。廉価版CPUだから仕方がないが、善戦していると思われます。

　そして結果は、快適判定！素晴らしい。

図3-5-5　ファイナルファンタジー15ベンチの結果画面

　この後、軽量品質でも再度動作させたが、傾向は同じでCPU性能は不足気味のようです。

　このベンチマークの結論としては、CPU性能の足りない部分を、GPU性能でごり押せた感じかなと。

　「**Pentium Gold**」でも、これぐらいのグラフィックボードを積めば、ゲームもそれなりに動きそうです。

完成

　今回、「Windows11」に完全対応したスペックと、「Mini-ITX」対応を条件に、ジャンク品を中心にパーツを集め、完成した姿がこちら（**図3-5-6**）です。

　ジャンクですが、きれいですっきりとしたデザインのケース。
　背面も無線LAN内蔵によりLANケーブル不要に。中身もゲームもこなせる性能にパワーアップできました。

図3-5-6　完成!

費用まとめ

最後に、まとめと、かかった費用を見てみましょう。

＊

　ケース、マザーボード、CPU、CPUクーラー、電源、メモリは、ジャンク・中古でそろえリーズナブルに、当初の予定通り、SATA SSD,グラフィックボード無だと次ページのようになります。

　OSはマザーのライセンス認証通過できたので追加購入不要。

表3-5-1　費用まとめ(ジャンク推し)

パーツ	スペック（型式）	価格	入手	備考
ケース	Mini-ITXケース (JONSBO U2)	￥330	ハドフ	
M/B	ASRock H310M-ITX/ac	￥5,500	ハドフ	ピン折れ有ジャンク
CPU	Intel Pentium Gold G5400T bulk	￥5,480	じゃんぱら	
CPUクーラー	Deepcool LGA115x対応 (型式不明)	￥100	パウ	壊れた足は、ハドフで購入した 別のCPUクーラーから移植
電源	550W 80PLUS BRONZE (DELTA GPS-550GB)	￥550	佐古前装備	
メモリ	DDR4 4GB×2 (CFD W4U2400BMS-4G)	￥2,400	佐古前装備	
HDD/SSD	INTEL SSDSA2M080G2GC X25-M 80GB SATA 3.0	￥988	ヤフオク	以前購入した ストックから
Mouse	USB有線	￥110	ダイソー	以前購入したもの
キーボード	USB	￥110	ブックオフバザール	以前購入したもの
合計		**￥15,568**		

　さらに、SSDは性能重視で新品、グラボはRTX30シリーズの最廉価版を追加することにより、高性能かつリーズナブルにゲーミングスペックにできたような気がします。

表3-5-2　費用まとめ(組んだ結果)

パーツ	スペック（型式）	価格	入手	備考
ケース	Mini-ITXケース (JONSBO U2)	￥330	ハドフ	
M/B	ASRock H310M-ITX/ac	￥5,500	ハドフ	ピン折れ有ジャンク
CPU	Intel Pentium Gold G5400T bulk	￥5,480	じゃんぱら	
CPUクーラー	Deepcool LGA115x対応 (型式不明)	￥100	パウ	壊れた足は、ハドフで購入した 別のCPUクーラーから移植
電源	550W 80PLUS BRONZE (DELTA GPS-550GB)	￥550	佐古前装備	
メモリ	DDR4 4GB×2 (CFD W4U2400BMS-4G)	￥2,400	佐古前装備	
HDD/SSD	PASOUL PAMNVMeM2-256	￥3,465	Amazon	新品
Mouse	USB有線 新品！	￥110	ダイソー	以前購入したもの
キーボード	USB ジャンク	￥110	ブックオフ バザール	以前購入したもの
グラボ	ZOTAC GAMING GeForce RTX 3050 Twin Edge	￥39,800	パソコン工房	新品
	合計	**￥57,845**		

　グラフィックボードは、最近かなり昔の値段に戻ってきました。

　ジャンク、中古で選択肢増えてきたので、今後はいろいろパワーアップに活用できるかもしれません。

　そして、昨年末AMDより新世代デスクトップCPU「**Ryzen 7000シリーズ**」が発売され、CPUソケットが新しく「AM5」へ。

　メモリは「DDR5」に変わっていたことで、これまで中古、ジャンクでも高額だった過去モデルのRyzen CPUの値段に、手頃感が出てきたように思えます。

＊

　本書ではここまでですが、手ごろになったジャンクな「Ryzen CPU」で、1台組んでいこうと考えています。

第 **4** 章

はじめてのジャンクパーツ漁り

本章では、PCの「ジャンクパーツ」を探すときに役立つ、「どんな店やサイトをチェックすればいいのか」「どんな点に注意すべきか」「掘り出し物を見つけるコツ」などを紹介します。

4-1　ジャンクPCパーツが熱い！？

　昨今、中古パソコン市場が盛況で、まずまずの性能をもち、現役のWindowsが動作するパソコンが安価に入手できます。筆者も性能を求めない用途であれば、中古のノートパソコンを購入して使ったりしていました。

　また、自作パソコン界隈でも、中古パソコン同様に中古パーツの入手手段が豊富になり、コストを抑えて組むことができます。

　さらに、ジャンクパーツで組むことにより、リスクはあるものの、さらに安価に組むことができます。

＊

　ここでは、ジャンクを中心とした、中古パーツの入手手段を紹介します。

> ＊「ジャンクパーツ」は、価格が安いなどのメリットはありますが、何かしらの理由で価値が落ちているというリスクもあります。購入や利用は、あくまでも自己責任でお願いします。

入手手段

　PCに関連する「ジャンクパーツ」の入手手段は、大きく分けて、「リアル店舗」と「ネット通販」の2つに分かれます。

　昔は、秋葉原や大須、日本橋など、規模が大きな電気街でないと、ジャンク・中古PCパーツの入手が難しかったのですが、ハードオフを始めとした中古販売チェーンの台頭や、ますます盛況なネット通販において、ジャンク・中古PCパーツの流通は活況になり、地方在住でも、それなりに入手することができるようになってきました。

　「リアル店舗」、「ネット通販」の違いについて、筆者の経験から、**表4-1-1**にまとめてみました。この後、これら毎に事例と注意点について紹介します。

表4-1-1　入手手段比較

	メリット	デメリット
リアル店舗	・送料がかからない。 ・現物が確認できる。	・店舗在庫のみとなるため選択肢が少ない。 ・近所にないと行きづらい。
ネット通販	・さまざまな 　種類、価格（ジャンク度合い） 　のものの中から選択できる。	・送料がかかる。 ・現物が確認できない。

4-2　リアル店舗で探す

　まずは、「リアル店舗」の事例を紹介します。

　「中古品」というものの性質上、店頭在庫から探すことになり、希望のものがあるとは限りません。
　基本的には欲しいものを探すためには、こまめに店を訪問して、足で稼ぐのが一般的です。

　「リアル店舗」について、筆者の独断と偏見で、3種類に分類してみました。

ハードオフ（中古販売チェーン）

ジャンク度：◎　価格：△〜◎　行き易さ：◎

　言わずと知れた、全国チェーンの中古品リユース販売店。
　数週間の保証のついた中古品のコーナーと、無保証のジャンクコーナーに分かれていて、中古パソコンや自作パソコンを組むための主要なパーツは大概揃っています。

　中古パーツの価格はやや割高感がありますが、「訳ありジャンク」として販売されているものの中には、掘り出し物（ラッキージャンク）があり、ジャンクパーツ探しが面白くなります。

図4-2-1　ハードオフのジャンクコーナー
青いコンテナボックスに（青箱）さまざまなジャンクパーツが…

■ その他

　中古書籍販売でおなじみのブックオフの系列で、"BOOKOFF SUPER BAZAAR "は、店舗によってはハードオフ同様の品揃えがあり、侮れないです。

PCショップ系の中古ショップ

ジャンク度：△　価格：〇　行き易さ：〇

　PCショップ系で、中古PCパーツを取り扱っている店も多くあります。
　ジャンク度合いは少ないですが、動作品を購入できる安心感があります。

● じゃんぱら

　全国チェーンの中古ショップで、中古パソコン、中古自作PCパーツを扱っています。

　主に中古パーツが中心、ジャンクはあまりないですが、中古パーツ相場内でも比較的安価でかつ、中古であれば一定期間の保証もあるので、外れパーツをつかみたくない場合はおすすめです。

● ドスパラ、ツクモ

　基本的には新品販売のショップですが、店舗によっては中古コーナー（秋葉原なら専門店）があります。

　種類はあまりないですが、たまに掘り出し物があったりするので、侮れません。

ガチ系ジャンクショップ

ジャンク度：◎　価格：◎　行き易さ：△

秋葉原や、大須、日本橋など、規模の大きな電気街にはPCジャンクパーツの専門店があり、販売している種類も豊富でかつ価格もかなりリーズナブルです。代表例として秋葉原と大須のショップについて紹介します。

《秋葉原》

　図4-2-1のマップで、秋葉原電気街の大まかな場所を説明します。

①東京ラジオデパート

　昔ながらの、電子部品を取り扱うお店がたくさんありますが、その中でも秋葉原最終処分場さんや、AKIBAJUNKSさんなど、PCパーツに特化したお店があるのが注目点です。

②神田装備

　中古PCパーツに特化したお店で、さほど広くない店舗の中に、各種

ジャンクPCパーツが多く販売されています。

　しかしながら、土日のみの営業でかつ、狭い店舗のため、入店予約が必要になります。予約はこちらから

https://twitter.com/kandasoubi

●ジャンクPCパーツ通り

　黒線の通りにはじゃんぱら、ハードオフを始めとした、中古PCパーツを取り扱っているショップが集中しています。ここ通るといろいろな店舗を回ることができ、掘り出し物が見つけやすいかもしれません。

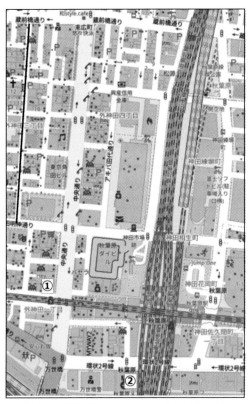

図4-2-2　秋葉原のマップ　OpenStreetMapより
①投票ラジオデパート　②神田装備　黒線　ジャンクPCパーツ通り

《大須（名古屋）》

　昔に比べると電気街という感じではなくなりサブカル系の店も増えましたが、パソコン、オーディオ関係に特化したお店は今でも健在です。代表的なジャンクショップを紹介します。

図4-2-3　大須（名古屋）マップ

●パウ

　大須の第1アメ横ビルの中にあるお店で、PCパーツに特化したジャンクショップです。

●佐古前装備

　秋葉原の神田装備の姉妹店で、神田装備同様の豊富な品揃えがあります。

　しかしながら、神田装備同様、土日のみの営業でかつ、狭い店舗のため、入店予約が必要になります。予約はこちらから

https://twitter.com/sakomaesoubi

＊

《利用の際の注意点》

ジャンク品の場合、「箱」と「中身」が違うことが平気であります。

買う前に店員さんに確認して、中身を見せてもらい、現物をしっかり確認することをお勧めします。また、箱を勝手に開けるのはマナー違反です。

4-3　ネットで探す

続いて、「ネット通販」でジャンクパーツを探すときの、事例を紹介します。

＊

ネットの中では数多くのパーツを探し出すことができてかつ、住んでいる地域に関係なく、入手ができることが最大のメリットです。

デメリットとしては、送料が別途必要になり、その分割高になってしまうこともあります。

現物を確認できないことにより、本当に安物買いの銭失いになってしまうことがあるので、注意が必要です。

主な「ネット通販」の事例として、3例を挙げて紹介します。

インターネット オークション/フリマサイト

ジャンク度：◎　価格：◎　安心度合い：△

個人間売買向けのオークションサービスやフリマサイトでも、多くのジャンクパーツが出品されています。

最近はWeb専業の専門業者も出品されているようで、数多くのものを見つけることができます。

　有名な「ヤフオク」や「メルカリ」の特徴を比較すると、以下のような感じで、筆者の感覚では、比較的ヤフオクのほうが、メルカリより安く購入できるケースが多いように思います。

表4-3-1　ヤフオクとメルカリの比較

	価格	送料
ヤフオク	オークション形式 ※固定(即決)出品も有	別途 ※込みの出品も有
メルカリ	固定	込み

　しかしながら、さまざまな思惑をもって参加している人々がいるため、購入後トラブルが発生するケースも多く、注意が必要です。

*

　筆者が経験したトラブル事例と、失敗しないための注意点を解説します。

《トラブル事例》

①そもそも動作しない

　大概「動作未確認品」という名目で出品されています。

②箱と中身が違う

　素人なのでよく分かりません。写真に写っているものです。…など、故意を装っていない体にしている。

③性能が出ない

　グラフィックボードなどで、「動作品」と言いながら、何等か改造失敗したものをそのまま出品している。

④付属品が足りない

　プラグインATX電源のケーブルや、CPUクーラーの固定金具など、本体だけでは何ともならない物は要注意。

《失敗しないための注意点》

①写真などが多くあり、商品の情報が、不具合も含め、しっかり説明されているのもから選ぶ。

②送料が異常に高くないか、確認する。販売価格を安く見せ、送料で利益を取っているケースが見受けられます。

③写真をよく見て、欲しい実物とあっているか。付属品に問題はないか。を確認する。

④入札・ウォッチャー件数など、他の購入者の様子を確認する。少ない場合は何か理由があるかも…。

⑤比較的、業者っぽい出品者のほうが、クレーム返品に対応してくれやすい気がします。

PCショップ系の中古ショップ

ジャンク度：△　価格：△（送料別途必要）　安心度合い：〇

　ハードオフや、じゃんぱらは、各店舗の中古品の一部や、通販専用在庫をネット通販で購入することができます。

　逆に各店舗の在庫が分かるので、ここで在庫をチェックして、買いに行くこともできます。

　また、中古販売であるため、それなりの保証期間があり、動かない場合返品可能な場合もあるので、失敗したくない場合はおすすめです。

中華系ネット通販

ジャンク度：？　価格：◎　安心度合い：？

　ジャンクというくくりではないですが、最近は、中華系の著名なネット通販サイトAliExpress(アリエクスプレス)やBanggood(バングッド)などが日本語化され、日本からでも安価な中国製品が購入できるようになってきました。

　PCパーツ系も個性的な製品が、安価でかつ数多く販売されており、品質面で？ところや、送料・関税等付加費用が掛かるところ、納期が長いところなど、注意する点も多くありますが、チャレンジするのも面白いかもしれません。

ジャンクパーツ探しは、決して平易ではありませんが…

　「ジャンクパーツ」で自作PCを組む醍醐味は、"安価なパーツを探して組むこと自体を楽しむ"ものかと思います。

　パーツ自体に保証がなく、自己責任な部分が多く、万人におすすめできるものではありませんが、ちょっと変わった目線でパソコン自作したいときは、本記事を参考にしていただければと思います。

PC を構成するためのパーツ
～「パーツ選び」は、自作PCの「醍醐味」で「楽しみ」～

「自作PC」は、「組み立て」よりも、「パーツ選び」に時間がかかります。

「組み立て」は、プラモデルと同じで、慣れてしまえば簡単ですが、「パーツ選び」は簡単にはいきません。

常に進化し、選択肢も多いパーツですから、非常に悩まされます。

*

しかし、「パーツ選び」が自作PCの"醍醐味"、かつ"最大の楽しみ"であることは、間違いありません。

*

ここでは、自作PCを構成する「最低限必要なパーツ」を解説します。

C-1　最低限必要になるパーツ

パソコンを構成するパーツ

　パソコンを組み上げるために最低限必要になる「パーツ」は、図C-1-1のような構成になります。

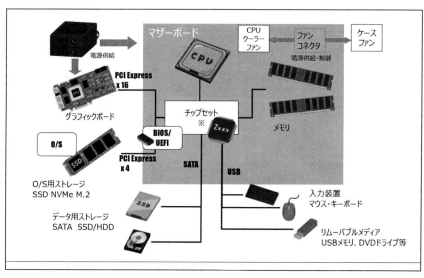

図C-1-1　一般的なパソコンの基本構成
※分かりやすさを優先して、一部表現を省略。

　「Intel」のCPUは、高速な入出力処理は「ノースブリッジ」、低速な入出力処理は「サウスブリッジ」に分かれます。

　また、「AMD」のCPUは、実際には「CPU」と「メモリ」は直結していて、チップセットを経由していません。

CPU（中央処理装置）

「CPU」は、記憶装置上にある「プログラム」と呼ばれる命令列を順に読み込んで、解釈し実行することで、情報を加工します。

基本的な計算を担う役目があり、パソコンでは中心になるパーツです。

＊

CPUは「チップセット」を介して、「メモリ」や「入出力回路」に接続され、何段階かの「入出力回路」を介して、「補助記憶装置」や「表示装置」、「通信装置」などの周辺機器が接続され、「データ」や「プログラム」など情報のやり取りをします。

最近のCPUであれば、「グラフィック処理機能」が内蔵されているものも多く、そういったものであれば、「グラフィックボード」をあえて購入する必要はありません。

＊

まずはCPUを決めてから、それを基準にして各種パーツを選んでいくのが、基本的なパーツの揃え方です。

表C-1　Intelの主なCPU

世代	コードネーム	ソケット	対応チップセット	メモリ規格	デスクトップ向けCPU代表例
第8世代 2017〜	Coffee Lake	LGA1151	H310 B360 Z370など	DDR4	Core i7 8700K
第9世代 2018〜	Coffee Lake Refresh	LGA1151		DDR4	Core i7 9700K
第10世代 2020〜	Comet Lake (-S)	LGA1200	H410 B460 Z490など	DDR4	Core i7 10700K
第11世代 2021〜	Rocket Lake (-S)	LGA1200	H510 B560 Z590など	DDR4	Core i7 11700K
第12世代 2022〜	Alder Lake (-S)	LGA1200	H610 B660 Z690など	DDR4 /DDR5	Core i7 12700K

表C-2　AMDの主なCPU

世代	コードネーム	対応チップセット	ソケット	メモリ規格	デスクトップ向け代表例
Zen+ 2018〜	Pinnacle Ridge(Ryzen / Colfax(Ryzen Threadripper	B350 X370	AM4	DDR4	Ryzen 7 2700X
Zen2 2019〜	Matisse / Castle Peak	B450 X470	AM4	DDR4	Ryzen 7 3800X
Zen3 2020〜	Vermeer	B550 X570 など	AM4	DDR4	Ryzen 7 5800X

＊

　近年、性能でAMDに後れを取っていた「Intel」ですが、最近ようやく追い付いてきました。

　それに対して「AMD」は、次世代CPUの出荷直前です。

※本記事は2022年度春に執筆したものです。2023年初頭では、AMDも「AM5」ソケット対応の新CPUを発売しています。

　大きな「モデル・チェンジ」に合わせて、PC自作をすれば、後でパーツを流用しやすいため、そのタイミングを狙うのもいいでしょう。

CPUクーラー

　「CPU」は動作時に高熱を発するため、「CPUクーラー」という冷却機器の取り付けが必須になります。

　規格としては「CPUソケット」ごとに専用品があり、基本的にはそれを購入して取り付けます。

　ただし、ケースの形状などによって制約が出ることがあるため、注意が必要です。

　また、「CPUクーラー」を取り付ける際には、冷却効率を高めるために、「CPU」と「CPUクーラー」の接着面に、「CPUグリス」を塗布することが必要です。

マザーボード

「マザーボード」は、パソコンを組み立てる上での、最も主要な電子回路基板であり、パソコンの配線の中心になります。

＊

マザーボードの「基板サイズ」は規格で決まっていて、

① ATX

② micro-ATX

③ Mini-ITX

の3種類がよく使われています。

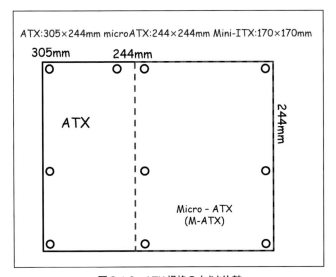

図C-1-2　ATX規格の大きさ比較

以下のように、マザーボード上にはさまざまな「パーツ」や「コネクタ」が、あらかじめ備わっています。

■ チップセット

マザーボードの性能を左右する部品であり、接続されているハードウェアや、グラフィック、サウンドなどを制御します。

　「チップセット」は、CPU世代ごとに開発され、「エントリーモデル」と「ハイエンドモデル」で、拡張性や性能に違いが出てきます。

■ CPUソケット

　「CPUソケット」は、「CPU」をはめ込む部品です。

　使用予定の「CPU」や「チップセット」で、「CPUソケット」の規格が異なります。

　「Intel」は「ソケット」に「ピン」が生えていて、CPUの切り欠きに合わせてピンに載せます。逆に、「AMD」はCPUに「ピン」が生えていて、「ソケット」の穴に挿し込むところが違います。

　「Intel」のソケットは、ソケット上に物を落とすとピンが折れて壊れることがあるので、扱いには注意が必要です。

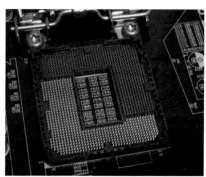

図C-1-3　Intel（左）、AMD（右）のCPUソケット

■ メモリ・ソケット

メモリをはめ込む部品です。

使用予定のチップセットで、規格が異なります(規格については、後述します)。

図C-1-4 DDR4規格のメモリ・ソケット
規格によって切り欠きの位置が異なる。

■ BIOSとUEFI

「BIOS」(Basic Input Output System)とは、ハードウェアを制御するために、マザーボードに保存されているプログラムです。

パソコンの電源を入れると、「BIOS」が起動し、OSがインストールされているストレージを読み、「OS」を起動します。

＊

その「BIOS」に変わる最新の規格が、「UEFI」(Unified Extensible Firmware Interface)です。

以前は「BIOS」が使われていましたが、「ディスクサイズの制限」や「セキュリティの観点」から、より高度な機能をもたせるために「UEFI」へ移行されつつあり、Windows11からは「UEFI」が必須になっています。

＊

「BIOS/UEFI」は、メーカーから「アップデート・プログラム」が配布

されることがあり、アップデートすることで、新たなCPUへの対応や、細かな機能アップができます。

　しかし、アップデートに失敗すると、マザーボードが使えなくなる恐れもあるので、実施するには注意が必要です。

　また、「BIOS」や「UEFI」の設定値を保持し、時計を動作させるために「ボタン電池」が使われています。

　よく使われているのは、図C-1-5にある丸い形の「CR2032」電池です。

■ ATX電源コネクタ

　「ATX電源コネクタ」とは、マザーボード本体に電源を供給するための挿し込み口です。「20PIN＋4PIN」(図C-1-4の上部)が最近の主流です。

■ EPS12Vコネクタ

　「ハイエンドCPU用電源」の「8ピン」と、「ATX12V」という「4ピン」の規格があります。

■ SATAコネクタ

　「SATA」に対応した「ドライブ用ケーブル」を接続するためのコネクタで、「ハードディスク」「SSD」「光学ドライブ」などを接続します。

■ PCI Expressスロット

　「拡張カード」や「ビデオカード」を接続するスロットです。

*

　一般的なマザーボードの場合、「PCI Express x16」サイズのスロットが1〜3個程度(サイズとしては「x16」だが内部的には「x8」のものもある。)、「PCI Express x1」スロットが1〜3個程度が装備されています。

　「x16」スロットには、「グラフィックボード」など「高速な通信が必要な」拡張ボードを、「x1」スロットには、「LANカード」や「SATA」など「比較的低速な通信（一昔前から考えると充分高速であるが…）でいい」拡張ボードを挿して使います。

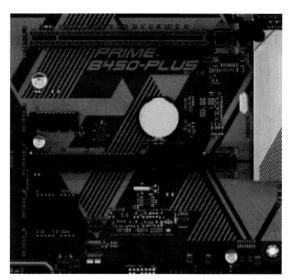

図C-1-5　PCI-Express スロット。長いのが「x16」、短いものが「x1」

■ M.2スロット

　内蔵拡張カードの「フォームファクタ」と「接続端子」について定めた規格です。

*

　「M.2スロット」は、「PCI Express x4」と1つの「SATA 3.0 6Gbps」ポートを端子内に備えており、「PCI Express」機器と「SATAストレージ」機器を、「M.2カード」として接続できます。

　背景として、「SSD」の性能向上によって「読み取り」「書き込み」速度が速くなり、SATA規格では「SSD」の速度を生かすことができなくなったことがあります。

　高性能な「SSD」を生かすために、高速通信可能な「PCI Express」接続する「NVMe規格SSD」をOS用に使い、実行速度を向上させるのがトレンドになりつつあります。

■ USBコネクタ

　(1)ケースの外部から接続するための「USBコネクタ」と、(2)PCケースに用意されているUSBコネクタを接続するための内部コネクタの、2種類があります。

■ 冷却ファンコネクタ

　「CPUクーラー」や、ケースに取り付ける「冷却ファン」を動作させるためのコネクタです。

　「3ピン」のものと「4ピン」のものがあり、「4ピン」は高度なファン制御(PWM)ができます。

■ 電源スイッチ、リセットスイッチ、電源LED

　「PCケース」に用意されている「電源スイッチ」や「リセットスイッチ」に接続するための「ピン」が準備されています。

　近年、「ピン・アサイン」はほぼ規格化されているため、コネクタを挿すだけで使えることが多くなりました。

■ その他

　「スピーカー」や「マイク」の音響関係のコネクタや、CPU内蔵グラフィック機能を出力するための「DVI-D」「HDMI」「ディスプレイポート」のコネクタがあり、必要に応じて使います。

メモリ（主記憶装置）

　「メモリ」は、パソコンの「メイン・バス」などに直接接続されていて、「プログラムの実行」や「情報の一時保管」などを行なう「記憶装置」です。

　「SSD」や「ハードディスク」など、外部バスに接続されて比較的CPUから離れていて大容量だが遅いものを「補助記憶装置」とした場合に、「メモリ」は「レイテンシ」や「スループット」は非常に速いが小容量です。

　「メイン・メモリ」「一次記憶装置」とも呼ばれます。
　メモリ規格は、新規格の「DDR5」への移行が始まりつつあります。

発売年度	メモリ規格	一般的な規格の速度(MT/s)
2014〜	DDR4 SDRAM	DDR4-1866 〜 DDR4-3200
2021〜	DDR5 SDRAM	DDR5-4800

大きさ	用途
DIMM	デスクトップ向け
SIMM	ノート向け

図C-1-6　メモリの規格
「メモリ自体の規格」と「大きさの規格」があることに注意。

ストレージ（補助記憶装置）

　「補助記憶装置」は、外部バスに接続されていて、メインのバスに直接接続される「メモリ」と比較すると、「レイテンシ」や「スループット」は遅いですが、大容量です。

　「OS」をインストールしたり、「データ・ファイル」などを保存したりする「SSD」や「HDD」のことです。

　「接続方法」としては、(A)「M.2スロット」を介して「PCI Express接続」する方法と、(B)「SATAコネクタ」(SSD,HDD)を介して接続する方法──の2種類が一般的です。

図C-1-7　ストレージの例
左が「M.2 NVMe SSD」、右が「3.5インチHDD」

電源

　各パーツへ電力を供給するためには、パソコン用の電源回路を収めたユニットの標準規格に準じた「ATX電源」を使います。

　「400W〜1200W」くらいのものが一般的に販売されており、また電源の電力変換効率を示す規格として、「80 PLUS」が存在します。

表C-3　80PLUS規格の各電気変換効率

	総容量に対する消費電力の割合(115V)			
電源負荷率	10%	20%	50%	100%
80 Plus Standard	80%	80%	80%	
80 Plus Bronze	82%	85%	82%	
80 Plus Silver	85%	88%	85%	
80 Plus Gold	87%	90%	87%	
80 Plus Platinum	90%	92%	89%	
80 Plus Titanium	90%	92%	94%	90%

「ATX電源」には、以下のような「コネクタ」があり、役割について簡単に説明します。

■ PCメイン電源コネクタ（20ピン＋4ピン）

マザーボードへ接続します。前項参照。

■ ATX12V 4ピン/EPS12V 8ピン兼用

マザーボードへ接続します。前項参照。

■ SATA電源コネクタ

内蔵「SSD」、「HDD」、「DVD」などのドライブ類に使います。

■ 6ピン/8ピンPCI Express補助電源コネクタ

「グラフィックボード」など、"補助電源"が必要な拡張ボードに接続して使います。

■ その他

「ペリフェラル 4ピンコネクタ」「FDD 4ピンコネクタ」などがありますが、「ケースファン」など、アクセサリ類への電源供給に補助的に使われるのみで、最近ではあまり使われていません。

PCケース

使い勝手、安全性、耐久性、スペース効率を上げるため、各種部品はケース内に収納する必要があります。

＊

基本的には、「マザーボード」の大きさ（ATX、micro-ATX、Mini-ITX）によってケースの大きさが決まります。

また、拡張性は劣りますが、専用のマザーボードが付属した、超小型ベアボーンキットもあります。

グラフィックボード（必要に応じて）

「CPU」が「グラフィック機能」を搭載していない場合は、「グラフィックボード」が必要になります。

「CPU内蔵のグラフィック機能」を使う場合は、「マザーボード」の「映像出力端子」を使ってモニタに接続します。

昨今、「グラフィックボード」の価格が上昇しているため、安価にPCを自作するのであれば、「グラフィック機能を内蔵しているCPU」を使って組み上げ、いずれ落ち着いたら「グラフィックボード」を追加する、という流れもありかと思います。

マウス、キーボード

以前は「PS/2」という規格で接続していました」が、最近はUSB接続が一般的です。

図C-1-8　マウスやキーボード
実用的なものから、デザイン重視のものまで、さまざま。好みのものを探すのも楽しい。

モニタ

23インチ前後、フルHD 2K(1920×1080)あたりが、扱いやすく、価格もこなれてきていて、一般的な選択肢となると思います。

接続方法としては、「ディスプレイポート」「HDMI」「DVI-D」の3種類があります。
接続するパソコンに付いている端子に合わせて選びます。

図C-1-9　モニタ
作業効率を上げるためにデュアルモニタにすることもある。

C-2　組み立てに必要な道具類

工具

マザーボードの固定などに、ねじ止めが必要です。

1番、2番サイズのプラスドライバーが最低限必要です。

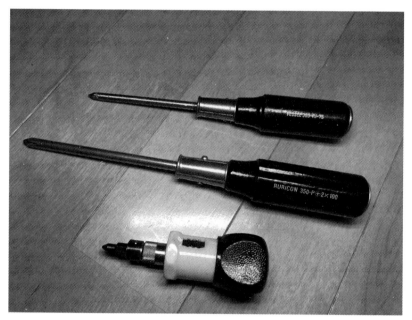

図C-2-1　プラスドライバーの例

　使いやすさでは、ビット交換できる短いラチェットが良いが、ケースの位置的に届かないこともあるので、長いものも必要です。

ねじ

　基本的には、「ケース」や「マザーボード」、「SSD」、「ATX電源」に付属しているものを使います。

種類としては、以下のようなものがあります。

■ ミリねじ

2.5インチSATA　SSD/HDDを固定

■ インチねじ

ATX電源、ケースの蓋、3.5インチHDD、マザーボードやグラフィックボードをケースに固定

細かいパーツになるので、小分けにできる容器があると便利です。

図C-2-2　PC自作で使用するねじの例
上段左：インチねじ　マザー、グラフィックボード
右：インチねじ手回し可　ケースふた、ATX電源
下段左：ミリねじ　2.5インチSSD,HDD
右：3.5インチHDD

静電気防止手袋

精密機器を扱うので、静電気には注意が必要です。専用品もありますが、100均で売っているゴム軍手でも代用可能です。

もし準備できなかった場合、パーツを触る前に、手を洗うなどして静電気を除去するなどで代用できますが、あるに越したことはないです。

図C-2-3　100均軍手の例
PCケース内部で手を切ることもあるため、ケガの防止にも有用。

楽しんで自作しよう

　現在は、自作PCの価格面でのメリットは、ほとんどありません。
では、何のために自作するのか、醍醐味は何か。

　それは、市販以上の性能を追求できたり、自分の欲しい部分だけを強化
したりと、「こだわりを具現化できる」ことが魅力の一つであると考えて
います。

　「パーツを選ぶ」ことからはじめて、自作PCを楽しみましょう。

索 引

141

索 引

■著者略歴

なんやら商会

▼ 197X 年生まれ。某高専　情報工学科卒。

▼某圧倒的シェアだった国産パソコンを扱う販売店のプログラマーから、製造業の社内 SE へ至り、IT 部門の課長に。
自身でシステム構築することはなくなったが、自身の技術的好奇心を趣味の自作 PC や模型作りへ傾倒。

▼それが高じて、YouTube チャンネルで、トミカを始めとした「ミニカーの改造」や「自作 PC」（ちょっと前はマイニング、現在はジャンク PC パーツ漁りがホット）について、動画の配信を始める。

筆者の Youtube チャンネル「なんやら商会」
https://www.youtube.com/channel/UCHtvkIkRtch_rWROwKaS3CA

[主な著書]

・「仮想通貨」の大容量データを超高速計算する「自作 PC」
・プログラミングのはじめ方（共著）
・PC パーツの選び方（共著）

以上、工学社

質問に関して

本書の内容に関するご質問は、

①返信用の切手を同封した手紙
②往復はがき
③ FAX(03)5269-6031
　(ご自宅の FAX 番号を明記してください)
④ E-mail　editors@kohgakusha.co.jp

のいずれかで、工学社編集部宛にお願いします。電話によるお問い合わせはご遠慮ください。

●サポートページは下記にあります。
【工学社サイト】http://www.kohgakusha.co.jp/

I/O BOOKS

格安パソコンを自作するためのジャンクパーツ探しの奥義

2023 年 3 月 25 日　初版発行　© 2023	著　者	なんやら商会
	発行人	星　正明
	発行所	株式会社工学社
		〒 160-0004
		東京都新宿区四谷 4-28-20 2F
	電話	(03)5269-2041(代) [営業]
		(03)5269-6041(代) [編集]
	振替口座	00150-6-22510

※定価はカバーに表示してあります。

[印刷]　(株) エーヴィスシステムズ　　　　　ISBN978-4-7775-2243-9